SUITES

A

BUFFON

PLANCHES

15 *Livraison*

VÉGÉTAUX PHANÉROGAMES.

A LA LIBRAIRIE ENCYCLOPÉDIQUE DE RORET.

Rue Hautefeuille. N°. 10 bis.

HISTOIRE NATURELLE

DES

VÉGÉTAUX.

PHANÉROGAMES.

Atlas.

Paris. — Typographie SCHNEIDER et LANGRAND, rue d'Erfurth, 1.

HISTOIRE NATURELLE

DES

VÉGÉTAUX.

PHANÉROGAMES.

Par M. Edouard SPACH,

AIDE-NATURALISTE AU MUSÉUM D'HISTOIRE NATURELLE, MEMBRE
DE PLUSIEURS SOCIÉTÉS SAVANTES.

Atlas

Renfermant 152 planches gravées sur acier.

PARIS.

LIBRAIRIE ENCYCLOPÉDIQUE DE RORET,

RUE HAUTEFEUILLE, Nº 10 BIS.

1846.

EXPLICATION DES PLANCHES

DES PHANÉROGAMES.

PLANCHE 1ʳᵉ.

Nᵒ 1. ACACIA D'ARABIE. — *Acacia arabica* Willd. (Famille des Mimosées.)

A. Partie supérieure d'un rameau (grandeur naturelle). — B. Un capitule dont on a enlevé toutes les fleurs, à l'exception d'une seule (grossie) : *a*, Calice fendu ; *b*, Réceptacle ; *c*, Une bractéole. — C. Légume dont on a enlevé une portion de l'une des valves, pour faire voir les graines et leurs points d'attache (grandeur naturelle).

Nᵒ 2. SENSITIVE COMMUNE. — *Mimosa pudica* Linn. (Famille des Mimosées.)

A. Fleur entière (fortement grossie). — B. Une bractéole (id.) — C. Fleur fendue verticalement, pour faire voir l'attache des étamines et l'ovaire (id.) — D. Un capitule de légumes (grandeur naturelle). — E. Un légume dont les articulations supérieures se sont détachées spontanément (id.) — F, Graine (grossie). — G. Embryon (id.).

PLANCHE 2.

Nᵒ 1. COULTÉRIA TINCTORIAL. — *Coulteria tinctoria* Kunth. (Famille des Césalpiniées.)

A. Pétales (grandeur naturelle) : *a*, Pétale supérieur ; *b b*, Pétales latéraux ; *c c*, Pétales inférieurs. — B. Fleur (grossie) dont on a détaché la corolle : *a*, Division inférieure du calice. — C. La même, dont on a enlevé le calice et la corolle pour faire voir l'attache des étamines. — D. Pistil (grandeur naturelle). — E. Légume (id.). — F. Graine (id.).

Nᵒ 2. POINCIANA MAGNIFIQUE. — *Poinciana pulcherrima* Linn. (Famille des Césalpiniées.)

A. Fleur (grandeur naturelle) vue antérieurement. — B. La même, dont on a enlevé la corolle, vue postérieurement. — C. Légume (grandeur naturelle). — D. Une des valves du même, pour faire voir l'attache des graines.

PLANCHE 3.

Nᵒ 1. INDIGOTIER ARGENTÉ. — *Indigofera argentea* Linn. (Famille des Papilionacées, tribu des Lotées.)

Partie supérieure d'un rameau (grandeur naturelle).

Nᵒ 2. INDIGOTIER TINCTORIAL. — *Indigofera tinctoria* Linn.

A. Une grappe fructifère (grandeur naturelle). — B. Fleur entière
(grossie). — C. Calice (id.). — D. Étendard (id.). — E. E. Ailes (id.) —
F. Carène (id.). — G. Fleur dont on a enlevé le calice et la corolle (id.)
— H. Légume (id.) — I. Le même, coupé verticalement. — K. Graine
(grossie) coupée verticalement. — L. La même, entière. — M. Embryon
(grossi).

PLANCHE 4.

N° 1. ALHAGI DES MAURES, ou MANNE. — *Alhagi Maurorum* Tourn.
(Famille des Papilionacées, tribu des Hédysarées.)
A. Branche (grandeur naturelle). — B. Légume (id.).
N° 2. Genres SAINFOIN (*Hedysarum* Linn.) et ESPARCETTE. (*Onobry-
chis* Tourn.) (Famille des Papilionacées, tribu des Hédysarées.)
A. Légume d'une espèce de *Sainfoin* (grandeur naturelle). — B. Légume d'une espèce d'*Esparcette* (grandeur naturelle), coupé verticalement.
N° 3. BAGUENAUDIER COMMUN. — *Colutea arborescens* Linn. (Famille
des Papilionacées, tribu des Lotées.)
A. Fleur entière (grossie). — B. La même, dont on a enlevé la corolle. — C. Une étamine (grossie), vue antérieurement. — D. La même,
vue postérieurement. — E. Fleur (grossie) dont on a enlevé les étamines, la corolle et une partie du calice, pour faire voir la base du pistil et
l'insertion des étamines. — F. Légume (grandeur naturelle) accompagné
du calice : *a*, Restes de l'androphore. — G. Un ovule (grossi). — H. Une
graine (id.) : *a*, Hile; *b*, Saillie produite par la radicule. — I. Embryon
(id.) : *a*, L'un des cotylédons; *b*, Radicule.
N° 4. Genre ASTRAGALE. — *Astragalus* Linn. (Famille des Papilionacées, tribu des Lotées.)
A. Légume entier. — B. Le même, coupé verticalement.

PLANCHE 5.

N° 1. PIMPRENELLE SANGUISORBE. — *Poterium Sanguisorba* Linn. (Famille des Dryadées.)
A. Fleur entière (grossie). — B. Calice et ovaire coupés verticalement
(grossis). — C. Péricarpe (grossi) : *a*, Graines. — D. Le même, coupé
horizontalement. — E. Embryon (grossi) : *a*, Radicule.
N° 2. PÊCHER COMMUN. —*Persica vulgaris* Mill. (Famille des Amyg-
dalées.)
A. Drupe entier. — B. Le même, dont on a enlevé une partie du sarcocarpe pour faire voir le noyau. — C. Noyau fendu verticalement pour
faire voir la graine.
N° 3. ALCHÉMILLE A FEUILLES DE SIBBALDIA. — *Alchemilla sibbaldiæ-
folia* Kunth. (Famille des Dryadées.)
A. Fleur entière. — B. La même, fendue : *a*, Ovaires; *b*, Étamines. —
C. Une étamine, vue antérieurement. — D. La même, vue postérieure-
ment. — E. Calice fructifère. — F. Un carpelle ou carcérule : *a*, Style.
— G. Le même, coupé verticalement : *a a*, Style; *b*, Graine. — H. I.
Embryon. (Toutes ces parties grossies.)
N° 4. — ICAQUIER COMMUN, ou CHRYSOBALANIER ICAQUIER. — *Chryso-
balanus Icaco* Linn. (Famille des Chrysobalanées.)

A. Portion d'une panicule fructifère. — B. Portion d'une panicule florifère (grandeur naturelle). — C. Fleur (grossie) coupée verticalement pour faire voir l'insertion des étamines et le pistil : *a*, Style. — D. Une étamine (grossie). — E. Pistil dont l'ovaire a été coupé verticalement : *a*, Style; *b b*, Ovules. — F. Drupe (grandeur naturelle) dont on a enlevé une portion du sarcocarpe pour faire voir la partie supérieure du noyau. — G. Noyau coupé horizontalement. — H. Graine (grandeur naturelle) dont on a enlevé l'un des cotylédons : *a*, Plumule.

PLANCHE 6.

BENOÎTE À FLEURS ÉCARLATES. — *Geum coccineum* Hortor. — *Geum chiloense* Balb. (Famille des Dryadées.)

Feuille radicale et partie supérieure d'une tige fleurie (grandeur naturelle).

A. Section verticale d'un calice (grandeur naturelle), avec les pétales et les étamines. — B. Section verticale (grossie) d'un pistil, avec une portion du calice : *a a*, Fragments du calice; *b*, Réceptacle; *c*, Fragment d'un pétale; *d*, Étamines; *e e*, Ovaires. — C. Une étamine (grossie), vue antérieurement. — D. La même, vue postérieurement. — E. Un ovaire (grossi) coupé verticalement : *a*, Ovule. — F. Un carcérule ou carpelle coupé verticalement. — G. Graine (grossie) : *a*, Raphé. — H. La même, coupée verticalement : *a*, Test ou épisperme. — I. Embryon (grossi) : *a*, Radicule.

PLANCHE 7.

N° 1. NÉFLIER COMMUN. — *Mespilus germanica* Linn. (Famille des Pomacées.)

A. Fleur entière (grandeur naturelle). B. — Fleur dont on a enlevé les pétales, coupée verticalement pour faire voir les styles et l'insertion des étamines. — C. Pyridion (grandeur naturelle). — D. Le même, coupé horizontalement pour faire voir les 5 loges. — E. Graine (grossie). — F. Embryon (id.).

N° 2. Genre SPIRÉE. *Spiræa* Linn. (Famille des Spiréacées.)

A. Fleur entière (grossie) de la *Spirée à feuilles de Mille-pertuis*. (*Spiræa hypericifolia* Linn.) — B. Calice de la même, coupé verticalement pour faire voir le pistil : *a a*, Disque. — C. Un ovaire de la même, coupé verticalement : *a a*, Ovules. — D. Pistil (grossi) de la *Spirée à feuilles de Sorbier*. (*Spiræa sorbifolia* Linn.) — E. Fleur femelle (grossie) de la *Spirée Barbe de chèvre* (*Spiræa Aruncus* Linn.) — F. Calice de la même, coupé verticalement. — G. Péricarpe de la même. — H. Un ovaire coupé verticalement pour faire voir les ovules. — I. Graine (grossie) : *a*, Funicule; *b*, Raphé. — J. Embryon.

PLANCHE 8.

(FAMILLE DES POMACÉES.)

A. Pétale (grandeur naturelle) du POMMIER DESFONTAINES. (*Malus Fontanesii* Spach.) — B. Calice du même (grandeur naturelle). — C. Fleur du même, dépouillée de sa corolle; le calice coupé verticalement (grandeur naturelle). — D. Styles du même (grossis). — E. Calice du même, quelque temps après la floraison. — F. Base d'un pétiole accompagné de ses stipules.

G. Fleur (grandeur naturelle) du POMMIER TOUJOURS VERT. (*Malus sempervirens* Desfont.) — H. Calice du même, à l'époque de la floraison : les styles, les étamines et les pétales sont enlevés. — I. Styles du même (grossis). — J. Etamine du même, vue antérieurement (grossie). —K. Étamine, vue postérieurement.—L. Jeune fruit du même.—M. Base d'un pétiole du même, accompagné des stipules.

N. Jeune fruit du POMMIER A BOUQUETS. (*Malus coronaria* Desfont.) — O. Fleur (grandeur naturelle) du même, dépouillée de [ses pétales.

P. Fleur entière (grandeur naturelle) du POIRIER A FEUILLES DE POMMIER. (*Pyrus malifolia* Spach.)

Q. Section verticale d'une fleur (grandeur naturelle) du POIRIER DE BOLWILLER (*Pyrus Pollveria* Linn.) : les styles et une partie des étamines sont enlevés du calice. — R. Section semblable de la même fleur, à laquelle on a conservé les styles et enlevé les pétales ainsi qu'une partie des étamines. — S. La même fleur, non coupée, mais dépouillée des étamines, des styles et de la corolle. — T. Styles (grossis) de la même espèce.

U. Jeune fruit du POMMIER HÉTÉROPHYLLE. (*Malus heterophylla* Spach.)

PLANCHE 9.

(FAMILLE DES POMACÉES.)

A. Fruit (grandeur naturelle) de l'ALISIER A FEUILLES OBTUSES. (*Cratægus obtusata* Spach.) *a*, Graine (grandeur naturelle).

B. C. et D. Fruits (grandeur naturelle) de l'ALISIER DE FONTAINEBLEAU. (*Cratægus latifolia* Poir.) *b*, Graine (grossie).

E. Fruit (grandeur naturelle) de l'ALISIER A FEUILLES FLABELLIFORMES. (*Cratægus flabellifolia* Spach.) *e*, Graine (grandeur naturelle).

F et G. Fruits (grandeur naturelle) de l'ALISIER DU NORD. (*Cratægus scandica* Wahlenb.)

H. Fruit (grandeur naturelle) de l'ALLOUCHIER. (*Cratægus Aria* Linn.)

I. Fruit (grandeur naturelle) de l'ALISIER COMMUN. (*Cratægus torminalis* Linn.)

J. Fruit (grandeur naturelle) du SORBIER DE LAPONIE. (*Sorbus hybrida* Linn.)

K. Fruit (grandeur naturelle) du SORBIER DES OISELEURS. (*Sorbus aucuparia* Linn.) *a*, Graine du même (grandeur naturelle); *b*, même graine (grossie).

L. Fruit (grandeur naturelle) de l'ARONIA A FEUILLES D'ARBOUSIER. (*Aronia arbutifolia* Lindl.)

M. Fruit (grandeur naturelle) de l'ARONIA GLABRESCENT. (*Aronia glabrescens* Spach.)

N. Fruit (grandeur naturelle) de l'ARONIA DENSIFLORE. (*Aronia densiflora* Spach.)

O. Fruit (grandeur naturelle) d'une variété du SORBIER DES OISELEURS; *o¹*, Graine de grandeur naturelle ; *o²*, La même (grossie).

P. Fruit (grandeur naturelle) de l'ARONIA A GRANDES FEUILLES. (*Aronia grandifolia* Lindl.) *p¹*, Graine (grossie); *p²*, Même graine, coupée verticalement : *a*, Épisperme; *b*, Embryon.

Q. Fruit (grandeur naturelle) du Sorbier d'Amérique. (*Sorbus americana* Pursh.) *q* ¹, Graine (grandeur naturelle); *q*², même graine (grossie) : *a*, Raphé; *b*, Hile; *c*, Saillie produite par la radicule.

R. Fruit (grandeur naturelle) d'un Amélanchier.

S. Portion du pétiole et stipules du Pommier a feuilles de Prunier. (*Malus prunifolia* Willd.) — T. Pétale de la même espèce (grandeur naturelle). — U. Section verticale d'une fleur (grandeur naturelle) du même Pommier, dépouillée de sa corolle. — V. Même fleur non coupée, mais dépouillée de la corolle, des étamines et des styles. — W. Fruit mûr du même Pommier (grandeur naturelle). — X. Une graine du même (grandeur naturelle).

PLANCHE 10.

(Famille des Pomacées.)

A. Fruit (grandeur naturelle) du Néflier a feuilles cunéiformes. (*Mespilus cuneifolia* Ehrh.)

B. Fruit (grandeur naturelle) du Néflier Faux-Azérolier. (*Mespilus Aronia* Willd.)

C. Fruit (grandeur naturelle) du Néflier a feuilles de Poirier. (*Mespilus pyrifolia* Desfont.)

D. Fruit (grandeur naturelle) du Néflier a feuilles flabelliformes. (*Mespilus flabellata* Bosc.)

E. Fruit (grandeur naturelle) du Néflier de Sibérie. (*Mespilus (Cratægus) sanguinea* Pallas.)

F. Fruit (grandeur naturelle) du Néflier Bosc. (*Mespilus Bosciana* Spach.)

G. Fruit (grandeur naturelle) du Néflier d'Olivier. (*Mespilus Oliveriana* Dum. Cours.)

H. Fruit (grandeur naturelle) du Néflier a fruit jaune. (*Mespilus flava* Willd.)

I. Fruit (grandeur naturelle) du Néflier a fruit noir. (*Mespilus nigra* Willd.)

J. Fruit (grandeur naturelle) du Néflier a feuilles spathulées. (*Mespilus spathulata* Mich.) *j*¹, Graine (grandeur naturelle); *j*², même graine (grossie).

K. Fruit (grandeur naturelle) du Néflier Desfontaines. (*Mespilus Fontanesiana* Spach.)

L. Fruit (grandeur naturelle) d'une variété de l'Aubépine. (*Mespilus oxyacantha* Gærtn.)

M. Fruit (grandeur naturelle) du Néflier Azérolier. (*Mespilus Azarolus* Linn.)

N. Fruit (grandeur naturelle) du Néflier hétérophylle. (*Mespilus heterophylla* Desfont.)

O. Fruit (grandeur naturelle) du Pommier a cerises. (*Malus cerasifera* Spach.) *o*, Graine du même (grandeur naturelle). — P. Pétale du même (grandeur naturelle). — Q. Fleur entière du même (grandeur naturelle). — R. Même fleur, dépouillée des étamines, des styles et des pétales. — S. Même fleur, coupée verticalement et dépouillée des pétales. — T. Base d'un pétiole et stipules de la même espèce (grandeur naturelle).

PLANCHE 11.

Manguier commun. — *Mangifera indica* Linn. (Famille des Cassuviées.) Ramule florifère, ½ grandeur naturelle.

A. Bouton de fleur (grossi). — B. Fleur-mâle (id.) vue antérieurement. — C. Fleur vue postérieurement (id.). — D. Pétale (id.). — E. Étamine vue antérieurement (id.). — F. La même, vue postérieurement. — G. Fleur hermaphrodite (id.) : *a*, Étamine fertile ; *b*, É amines stériles ; *c*, Disque. — H. La même fleur, coupée verticalement (id.) : *a*, Calice ; *b*, Disque ; *c*, Loge de l'ovaire ; *e*, Style. — I. Drupe coupé verticalement (grandeur naturelle). — J. Noyau dont on a enlevé la portion supérieure, par une section horizontale, pour faire voir la graine. — K. Graine dépouillée d'une partie du test, pour faire voir (en *a*) une portion des cotylédons (grandeur naturelle).

PLANCHE 12.

Bigaradier à feuilles de Myrte. — *Citrus Bigaradia myrtifolia* Riss. et Poit. (Famille des Aurantiacées.)
Rameau chargé de fleurs et de fruits, grandeur naturelle.

A. Fleur épanouie (grandeur naturelle). — B. Pétale vu postérieurement (id.). — C. Le même, vu antérieurement (id.). — D. Un faisceau de trois étamines soudées par leur base (grossi) : *a*, Sommet d'un filet dont on a enlevé l'anthère. — E. Autre faisceau d'étamines, moins soudées que celles de la fig. D. — F. Fleur (grossie) dépouillée de ses pétales : *a*, Disque. — G. La même, coupée verticalement : *a*, Calice ; *b*, Pétales ; *c*, Disque (entre le disque et les pétales, on voit l'insertion des étamines) ; *e*, Ovules. — H. Moitié inférieure d'un fruit coupé transversalement (grandeur naturelle). — I. Graine (grandeur naturelle). — J. La même, vue de face, pour faire voir le raphé. — K. Calice et pédoncule (grandeur naturelle). — L. Amande de la graine (grandeur naturelle). — M. Coupe verticale de la même. — N. Embryon, dont on a écarté les cotylédons.

PLANCHE 13.

N° 1. **Fabagelle commune.** — *Zygophyllum Fabago* Linn. (Famille des Zygophyllées.)
A. Bouton de fleur (grandeur naturelle). — B. Fleur épanouie (id.) — C. Plan symétrique de la fleur, pour faire voir l'estivation. — D. Étamine (grossie) avant l'anthèse, vue postérieurement : *a*, Écaille staminifère. — E. Même étamine, vue antérieurement. — F. La même, après l'anthèse. — G. Pistil (grossi) : *a*, base du calice ; *b*, Gynophore ; *c*, Ovaire. — H. Partie supérieure du style avec le stigmate (très grossis). — I. Ovaire coupé verticalement et horizontalement (grossi). — K. Péricarpe en déhiscence (grandeur naturelle). — L. Section transversale du même. — M. Graine (grossie) : *a*, Hile ; *b*, Raphé. — N. Coupe verticale de la même : *a*, Hile ; *b*, Embryon. — O. Embryon mis à nu : *a*, Radicule.

N° 2. **Ziéria lisse.** — *Zieria lævigata* Smith. (Famille des Diosmées.)
A. Bouton de fleur (grossi). — B. Fleur épanouie (grossie). — C. Plan

symétrique dé l'estivation des pétales. — D. Coupe verticale d'un bouton
de fleur (grossie) : *a*, Corolle; *b*, Étamine; *c*, Glande staminifère; *d*,
Ovule. — E. Gynophore et pistil (grossis). — F. Les mêmes, dont on a
enlevé deux des ovaires : *a*, Style; *b*, un des ovaires. — G. Péricarpe. —
H. Graine : *a*, Membrane de l'endocarpe. — I. Membrane de l'endocarpe,
vue en dedans : *a*, Ovule avorté; *b*, Cicatrice d'insertion de la graine fertile. — J. Coupe verticale d'une coque du fruit: *a*, Sarcocarpe; *b*, Endocarpe; *c*, Membrane. — K. Coupe verticale d'une graine (grossie) : *a*,
Test; *b*, Périsperme; *c*, Embryon. — L. Embryon isolé.

Nº 3. CLAVALIER A FEUILLES DE FRÊNE. — *Zanthoxylum fraxineum*
Willd. (Famille des Zanthoxylées.)

A. Fleur femelle (grossie). — B. Pistil (grossi) dont on a retranché
trois des ovaires : *a*, *b*. Gynophore; *c*, L'un des ovaires coupé verticalement, pour faire voir l'attache des deux ovules. — C. Péricarpe : *a*, Cicatrices résultant de l'insertion des pétales; *b*. Coques fertiles; *c*, Coque
avortée. — D. Coque dont une des valves a été enlevée : *a*, Sarcocarpe;
b, Graine; *d*, Faisceau des vaisseaux nourriciers de la graine. — E. Section horizontale d'une capsule, avant la parfaite maturité : *a*, Sarcocarpe;
b, Endocarpe; *c*, Graine. — F. Coupe verticale d'une graine : *a*, Test;
b, Tégument intérieur; *c*, Périsperme; *d*, Embryon. — G. Une coque du
péricarpe du *Zanthoxylon martinicense*, dont on a écarté les deux valves, vue par derrière : *a*, *a*, Sarcocarpe; *b*, *b*, Endocarpe; *c*, Gynophore;
d, Ovule avorté; *f*, Graine.

PLANCHE 14.

GOMPHIA LUISANT. — *Gomphia nitida* Swartz. (Famille des Ochnacées.)
Branche florifère, demi-grandeur naturelle.

A. Fleur dépouillée des pétales et des étamines (grandeur naturelle).
— B. Anthère (grossie). — C. Gynophore et pistil, avec le sommet du pédoncule (grossis) ; *a*, Cicatrices de l'insertion des sépales ; *b*, Id. des pétales; *c*, Id. des étamines. — D. Coupe horizontale d'une anthère. — E.
Pistil (grossi) dont on a enlevé, par une coupe horizontale, la partie supérieure des ovaires ainsi que le style : *a*, Cicatrices de l'insertion des
étamines. — F. Péricarpe. — G. Coupe verticale d'un drupe pour faire
voir la graine. — H. Coupe horizontale d'une graine. — I. Embryon : *a*,
Radicule.

PLANCHE 15.

Nº 1. — JUJUBIER COMMUN. — *Zizyphus vulgaris* Lamk. (Famille des
Rhamnées.)

A. Fleur hermaphrodite (grossie). — B. Pétale vu de profil (grossi). —
C. le même vu de face. — D. Étamine vue antérieurement (grossie). —
E. Coupe verticale d'une fleur (grossie), pour faire voir l'attache des
ovules. — F. Coupe verticale d'un pistil. — G. Coupe verticale d'un drupe
(grandeur naturelle). — H. Graine (grandeur naturelle). — I. Coupe verticale de la même : *a*, Test; *b*, Périsperme; *c*, Embryon.

Nº 2. — NERPRUN ALATERNE. — *Rhamnus Alaternus* Linn. (Famille
des Rhamnées.)

A. Fleur stérile entière (grossie). — B. Coupe verticale de la même:

a, Pistil abortif.—C. Coupe verticale d'une fleur fertile (grossie). —D. Étamine vue antérieurement (grossie). — E. Étamine vue postérieurement. — F. Étamine après l'anthèse. — G. Péricarpe (grandeur naturelle). — H. Graine (grossie) vue antérieurement : *a*, Hile. — I. Graine vue postérieurement : *a*, Raphé; *b*, Micropyle ou Exostome. — J. Coupe verticale d'une graine.

N° 3. HOVÉNIA A FRUIT DOUX. — *Hovenia dulcis* Thunb. (Famille des Rhamnées.)

Cyme-fructifère, pour faire voir les pédoncules, qui, devenus charnus, forment la partie comestible.

PLANCHE 16.

N° 1. HOUX THÉ DU PARAGUAY, ou MATÉ. — *Ilex paraguarensis* Aug. Saint-Hil. (Famille des Aquifoliacées.)
Ramule florifère, grandeur naturelle.
N° 2. HOUX COMMUN. — *Ilex Aquifolium* Linn.
A. Fleur entière (grossie). — B. Portion de la corolle, avec deux étamines. — C. Fleur dépouillée de la corolle : *a*, Pistil. — D. Coupe verticale d'un pistil : *a*, Stigmate; *b*, Ovules. — E. Ovule (très-grossi) : *a*, Funicule.—F. Drupe (grandeur naturelle).—G. Coupe verticale d'un drupe (grossie). — H. Coupe verticale d'une graine (grossie) : *a*, Test; *b*, Tégument intérieur; *c*, Périsperme; *d*, Embryon.

PLANCHE 17.

HOUMIRI MULTIFLORE. — *Humirium multiflorum* Martius. (Famille des Humiriacées.)
Ramule florifère, grandeur naturelle.
A. Fleur entière (grossie). — B. Calice (grossi). — C. Androphore. — D. Coupe du même.—E. Anthère vue antérieurement.—F. Anthère vue postérieurement. — G. Granules de pollen, vus au microscope. — H. Pistil. — I. Le tube membraneux qui engaîne la base de l'ovaire, fendu et développé. — J. Coupe verticale de l'ovaire. — K. Drupe (grandeur naturelle). — L. Graine (grossie). — M. Embryon.

PLANCHE 18.

N° 1. PAVIA DE MICHAUX.—*Pavia Michauxii* Spach. (Famille des Hippocastanées.)
A. Fleur entière (grandeur naturelle). — B. Calice. — C. Fleur dépouillée du calice et de la corolle. — D. Un des pétales supérieurs. — E. Un des pétales inférieurs. — F. Étamine (grossie) vue antérieurement. — G. Étamine vue postérieurement. — H. Pistil. — I. Le même, dont on a enlevé, par une section verticale, une portion de l'ovaire, pour faire voir deux des loges avec leurs ovules. — J. Portion inférieure d'un ovaire coupé horizontalement, pour faire voir les trois loges avec leurs ovules. — K. Péricarpe (grandeur naturelle). — L. Graine (grandeur naturelle) : *a*, Hile. — M. Embryon ($^1/_3$ grandeur naturelle) : *a*, Pointe de la radicule. — N. Embryon coupé verticalement. — O. Blastème, séparé de l'embryon : *a*, Radicule; *b*, Plumule et tigelle.

N° 2. ÉRABLE SYCOMORE. — *Acer Pseudo-Platanus* Linn. (Famille des Acérinées.)

A. Fleur-mâle (grandeur naturelle) : *a*, Sépales; *b*, Pétales; *c*, Disque.
— B. Fleur-mâle (grossie) dont on a enlevé les sépales, les pétales et les étamines, à l'exception d'une seule : *a*, Disque. — C. Étamine (grossie) vue antérieurement.—D. Id., vue postérieurement. — E. Pétale. — F. Fleur-femelle (grandeur naturelle). — G. Id., dépouillée des sépales et des pétales; *a*, Disque; *b*, Étamine stérile. — H. Samare (grandeur naturelle) : on voit la graine (en *a*) dans l'une des loges, dont on a enlevé une portion par une coupe verticale. — I. L'une des coques de la samare, coupée verticalement ainsi que la graine. — J. Graine (grandeur naturelle) : *a*, Hile.— K. Embryon. —L. Le même, déployé.

PLANCHE 19.

Nº 1. LITCHI LONGANE.— *Euphoria Longana* Lamk. (Famille des Sapindacées.)

Portion d'une panicule florifère, et feuille, grandeur naturelle.

A. Fleur entière (grossie). — B. Pétale. — C. Étamine, vue antérieurement. — D. Coupe verticale d'une fleur : *a*, Disque. — E. Coupe horizontale d'un ovaire.

Nº 2. LITCHI PONCEAU.— *Euphoria Litchi* Desfont.

A. Drupe ($^1/_2$ grandeur naturelle). — B. Le même, dont on a enlevé une portion de la partie charnue, pour faire voir le noyau. — C. Coupe verticale du noyau pour faire voir la graine. — D. Coupe horizontale d'une graine : *a*, Exostome; *b*, Hile. — E. Coupe verticale d'une graine.

PLANCHE 20.

Nº 1. MOUREILLER BRULANT. — *Malpighia urens* Linn. (Famille des Malpighiacées.)

Ramule florifère, grandeur naturelle.

A. Fleur entière (grossie).— B. Pistil et androphore: *a*, Androphore; *b*, Pistil et sommet du pédoncule. — C. Étamine vue antérieurement.— D. Id., vue postérieurement. — E. Drupe (grandeur naturelle).— F. Coupe horizontale d'un drupe. — G. Graine : *a*, Hile; *b*, Raphé. — H. Embryon dont on a écarté les cotylédons. — I. Un noyau du drupe, ouvert, vu postérieurement.— J. Un poil (grossi) d'une feuille.

Nº 2. HIRÉA RÉCLINÉ. — *Hiræa reclinata* Jacq. (Famille des Malpighiacées.)

A. B. Samares.— C. Graine. — D. Embryon.

PLANCHE 21.

ACAJOU MAHOGON. — *Swietenia Mahagoni* Linn. (Famille des Cédrélacées.)

A. Portion d'une panicule (grandeur naturelle).—B. C. Fleurs (grossies). — D. Androphore (grossi) fendu et déployé.—E. Capsule en déhiscence (grandeur naturelle). — F. Axe central de la même. — G. Graine avec son aile (grandeur naturelle). — H. Coupe horizontale d'une graine, pour faire voir les cotylédons et la radicule.

PLANCHE 22.

Nº 1. MONSONIA ÉLÉGANT. — *Monsonia speciosa* Linn. fil. (Famille des Géraniacées.)

Ramule florifère de grandeur naturelle.

A. Calice et pédoncule. — B. Étamines. — C. Pistil.

N° 2. Pélargonium fétide. — *Pelargonium inquinans* Willd. (Famille des Géraniacées.)

A. Fleur de grandeur naturelle. — B. Fleur dont on a enlevé les pétales. — C. Étamine (accompagnée d'un filet stérile) vue antérieurement (grossie). — D. Étamine vue postérieurement. — E. Étamines et pistil, accompagnés du prolongement de la base du calice. — F. Section verticale des mêmes parties : *a, a,* Prolongement nectarifère du calice, gibbeux à la base; *b, b,* Filets; *c, c,* Ovaires. — G. Pistil. — H. Coupe horizontale des ovaires. — I. Axe central du péricarpe, après la déhiscence des coques; on a laissé subsister une des coques, pour faire voir comment le bec qui la termine se tortille en spirale, et reste suspendu au sommet de l'axe. — J. Graine (grandeur naturelle) : *a,* Saillie formée par la radicule. — K. Graine (grossie) : *a,* Saillie formée par la radicule; *b,* Raphé. — L. Embryon. — M. Coupe horizontale de la graine.

PLANCHE 23.

Cotonnier tricuspidé. — *Gossypium tricuspidatum* Lamk. (Famille des Malvacées; tribu des Malvées.)

Rameau florifère (1/2 grandeur naturelle).

A. Fleur dont on a enlevé la corolle (grandeur naturelle) : *a, a, a,* Bractées involucrales; *b,* Calice; *c,* Androphore; *d,* Stigmates. — B. Coupe verticale d'un bouton de fleur (grandeur naturelle) : *a, a, a, a,* Calice; *b, b,* Androphore; *c,* Style; *d, d,* Ovaire; *e,* Stigmates. — C. Un pétale. — D. Pistil (grandeur naturelle) : *a,* Base de l'androphore. — E. Coupe horizontale d'un ovaire. — F. Une étamine (grossie). — G. Deux étamines soudées par leurs filets. — H. Une graine (grandeur naturelle) dans son coton. — I. Graine (grossie) dépouillée du coton, coupée horizontalement. — J. Embryon.

PLANCHE 24.

N° 1. Ériodendre Samauma. — *Eriodendron Samaüma* Martius. (Famille des Malvacées; tribu des Bombacées.)

Ramule florifère (1/2 grandeur naturelle).

A. Androphore et (en *a*) style (grandeur naturelle). — B. Étamine. — C. Pistil (grandeur naturelle). — D. Graine. — E. Coupe verticale de la même.

N° 2. Ériodendre a anthères rectilignes. — *Eriodendron leianthérum* Martius.

A. Androphore et pistil. — B. Péricarpe (1/3 de grandeur naturelle). — C. Coupe horizontale du péricarpe. — D. Graines. — E. Embryon.

PLANCHE 25.

Cacaotier commun. — *Theobroma Cacao* Linn. (Famille des Byttnériacées.

Ramule florifère de grandeur naturelle.

A. Fleur (grossie) : *a, a, a, a,* Pétales; *b, b,* Filets stériles. — B. Un pétale (fortement grossi). — C. Androphore fendu et déployé. — D. Une

des lanières anthérifères de l'androphore. — E. Pistil. — F. Péricarpe
(grandeur naturelle). — G. Coupe horizontale du même, pour faire voir
la disposition des graines. — H. Graine dont l'arille est détaché en partie.
— I. La même, enveloppée dans l'arille.

PLANCHE 26.

SANTAL BLANC. — *Santalum album* Linn. (Famille des Santalacées.)
Rameau de grandeur naturelle.

A. Bouton. — B. Fleur ouverte (grossie). — C. La même, dont on a
fendu et déployé le périanthe. — D. Périanthe après la floraison. — E.
Étamine vue antérieurement : *a*, Une des écailles pétaloïdes qui al-
ternent avec les filets; *b*, Appendice plumeux du filet. — F. Étamine
vue postérieurement : *a*, Appendice plumeux. — G. Pistil et partie adhé-
rente du tube calicinal. — H. Péricarpe. — I. Coupe verticale du même :
a, Périsperme; *b*, Embryon. — J. Coupe horizontale du même.

PLANCHE 27.

N° 1. THÉ VERT. — *Thea viridis* Linn. (Famille des Camelliacées.)
Rameau florifère et fructifère (grandeur naturelle).

A. Un pétale avec les étamines qui adhèrent à sa base. — B. Coupe
verticale d'un ovaire accompagné du calice (grossie). — C. Coupe horizontale d'un ovaire, pour faire voir les trois loges. — D. Étamine (grossie)
vue antérieurement. — E. La même, vue postérieurement. — F. Graine.
— G. Embryon, dont on a séparé les deux cotylédons.

N° 2. THÉ BOU. — *Thea Bohea* Linn.
Portion supérieure d'un ramule florifère (grandeur naturelle).

PLANCHE 28.

N° 1. BÉCKÉA EFFILÉ. — *Bœckea virgata* Linn. (Famille des Myrtacées;
tribu des Leptospermées.)
Ramule florifère (grandeur naturelle).

A. Étamine vue antérieurement (grossie). — B. La même, vue postérieurement. — C. Section verticale d'une fleur dépouillée de la corolle
(grossie) : *a*, *a*, Étamines; *b*, *b*, Ovules. — D. Section horizontale d'un
péricarpe. — E. Graine.

N° 2. PILÉANTHE LIMACE. — *Pileanthus Limacis* Labill. (Famille des
Myrtacées; tribu des Chamélauciées.)
Ramule florifère (grandeur naturelle).

A. Portion supérieure d'un ramule et bouton (grossis). — B. Bouton,
au moment de l'épanouissement : *a*, Limbe calicinal, se détachant
sous forme de coiffe. — C. D. Fleurs épanouies (grossies). — E. Coupe
verticale d'une fleur, pour faire voir l'insertion de la corolle et des étamines, ainsi que l'attache des ovules. — F. Portion de l'androphore
(fortement grossie). — G. Coupe horizontale d'un ovaire.

PLANCHE 29.

GIROFLIER AROMATIQUE. — *Caryophyllus aromaticus* Linn. (Famille
des Myrtacées; tribu des Myrtées.)
Ramule florifère (grandeur naturelle).

A. Bouton (grossi). — B. Fleur épanouie. — C. La même, dépouillée
des étamines. — D. Étamine. — E. Coupe verticale d'une fleur dépouillée
de la corolle et des étamines. — F. Coupe horizontale d'un ovaire. —
G. Péricarpe (grandeur naturelle). — H. Coupe horizontale d'un péricarpe
avant sa parfaite maturité : *a*, Loges et ovules avortés. — I, K. Coupes
verticales de péricarpes, avant leur parfaite maturité : *a*, Loges et ovules
avortés. — L. Coupe horizontale d'un péricarpe mûr : *a*, Loge avortée.
— M, N. Embryons. — O. Embryon dont on a déroulé les cotylédons. —
P. Radicule grossie.

PLANCHE 30.

Rhéxia élégant. — *Rhexia elegans* Bonpl. (Famille des Mélasto-
macées.)
Ramule florifère (grandeur naturelle).
A. Calice. — B. Section verticale d'une fleur, pour faire voir le pistil,
ainsi que l'insertion des pétales et des étamines. — C. Étamine avant
l'anthèse. — D. La même déhiscente (par deux ouvertures basilaires).
— E. Péricarpe et portion du calice. — F. Coupe horizontale d'un péricarpe. — G. Placentaire du même. — H. Une valve du péricarpe. —
I. Embryon. — J. Coupe longitudinale de la graine. — K. Graine
(grossie).

PLANCHE 31.

Nº 1. Blumenbachia a larges feuilles. — *Blumenbachia latifolia*
Cambess. (Famille des Loasées.)
A. Fleur (grossie). — B. La même, dépouillée de la corolle et des éta-
mines. — C. Un faisceau d'étamines. — D. Un staminode, vu antérieurement. — E. Le même, vu postérieurement. — F. Le même, vu de côté.
— G. Coupe horizontale de l'ovaire. — H. Péricarpe déhiscent. — I. Graine.
— J. Portion du test (fortement grossi). — K. Amande. — L. Section verticale de la même.
Nº 2. Chimonanthe odorant. — *Chimonanthus fragrans* Lindl. (Famille des Calycanthées.)
A. Ramule florifère (¹/₂ grandeur naturelle). — B. Fleur (grandeur
naturelle). — C. Fleur dépouillée des bractées et des périanthes, pour
faire voir les stigmates et les étamines. — D. Étamine vue antérieurement. — E. Id., vue postérieurement. — F. Coupe d'un bouton dont on a
enlevé les segments des périanthes : *a, a*, Étamines. — G. Un ovaire avec
son style. — H. Calice fructifère. — I. Id., coupé verticalement : *a*, Ovules avortés; *b*, Carpelles. — K. Un des carpelles : *a*, Cicatrice du point
de l'insertion au calice. — L. Coupe horizontale d'un carpelle. — M.
Graine. — N. Embryon : *a*, Radicule.

PLANCHE 32.

Nº 1. Quisquale d'Inde. — *Quisqualis indica* Linn. (Famille des
Combrétacées.)
Ramule florifère (grandeur naturelle).
Nº 2. Combrétum..... (Famille des Combrétacées.)
A. Fleur entière. — B. Limbe calicinal (fendu et déployé), pour faire

voir l'insertion des pétales et des étamines. — C. Étamine vue postérieurement. — D. Id., vue antérieurement. — E. Coupe verticale d'un ovaire,
avec une partie du calice. — F. Ovules. — G. Péricarpe. — H. Section
horizontale du même. — I. Graine. — J. Embryon.

PLANCHE 33.

N° 1. VOCHYSIA A FEUILLES RONDES. — *Vochysia rotundifolia* Mar-
tius. (Famille des Vochysiacées.)
Portion supérieure d'un ramule avec une panicule florifère (grandeur
naturelle).
A. Fleur entière (grossie). — B. La même, dépouillée des pétales : *a*,
Étamine fertile. — C. Pétales : *a*, *b*, Pétales latéraux ; *c*, Pétales inférieurs. — D. Pistil. — E. Étamine fertile. — F. Coupe verticale d'un
jeune fruit. — G. Ovule.
N° 2. SALVERTIA ODORANT. — *Salvertia convallariodora* Aug. Saint-
Hil. (Famille des Vochysiacées.)
A. Fleur dépouillée de la corolle et des segments inférieurs du calice
(grossie) : *a*, Étamine fertile ; *b*, Étamine stérile ; *c*, Pistil. — B. Étamine
fertile. — C. Étamine stérile. — D. Pistil. — E. Péricarpe. — F. Id., coupé
horizontalement.

PLANCHE 34.

RHIZOPHORA MANGLE OU PALÉTUVIER. — *Rhizophora Mangle* Linn.
(Famille des Rhizophorées.)
A. Port de l'arbre. — B. Ramules florifères et fructifères (grandeur
naturelle). — C. Fleur grossie : *a*, *a*, Limbe calicinal fendu et déployé,
pour faire voir l'insertion des pétales et des étamines. — D. Étamine vue
antérieurement. — E. Id., vue postérieurement. — F. Coupe verticale d'un
ovaire. — G. Péricarpe. — H. Le même, coupé verticalement : *a*, Attache
de la graine ; *b*, Arille ; *c*, Loge avortée.

PLANCHE 35.

CLARKIA A PÉTALES TRILOBÉS. — *Clarkia pulchella* Pursh. (Famille
des Onagraires.)
Portion supérieure d'un ramule florifère (grandeur naturelle).
A. Feuille caulinaire (grandeur naturelle). — B. Pétale (grandeur naturelle) : *a*, Étamine avortée. — C. Fleur (grossie) dépouillée de la corolle. — D. Coupe verticale de la même : *a*, *a*, Étamines fertiles ; *b*, *b*,
Étamines stériles ; *c*, *c*, Tube calicinal ; *d*, *d*, Disque ; *e*, *e*, *e*, *e*, Ovaire.
— E. Portion inférieure d'un ovaire coupé horizontalement. — F. Éta-
mine fertile, vue postérieurement. — G. Id., vue antérieurement. — H.
Étamine stérile. — I. Capsule (grandeur naturelle). — K. Graine (grossie) vue antérieurement. — L. Id., vue postérieurement. — M. Id., coupée
verticalement, pour faire voir l'embryon. — N. Embryon dont on a
écarté les cotylédons.

PLANCHE 56.

N° 1. LAGERSTRÉMIA ROYAL. — *Lagerstroemia reginœ* Linn. (Famille
des Lythrariées.)

Ramule florifère (grandeur naturelle).

A. Fleur dont on a fendu et déployé le calice, pour faire voir l'insertion des pétales et des étamines : *a, a*, Calice ; *b*, Pistil. — B. Pétale. — C. Péricarpe. — D Une des valves du péricarpe. — E. Graine.

Nº 2. SALICAIRE EFFILÉE. — *Lythrum virgatum* Linn. (Famille des Lythrariées.)

A. Partie supérieure d'un ramule florifère (grandeur naturelle). — B B uton (grossi). — C. Fleur épanouie (grossie) — D. Id., dont on a fendu le calice, pour faire voir l'insertion des étamines et des pétales.— E. Étamine. — F. Fleur dépouillée de la corolle. — G. Péricarpe avant sa parfaite maturité. — H. Id., en déhiscence. — I. Coupé horizontale d'un ovaire. — J. Graine. — K. Id., coupée horizontalement.— L. Id., coupée verticalement : *a*, Périsperme ; *b*, Embryon.

PLANCHE 37.

Nº 1. MÉSEMBRYANTHÈME BLANCHATRE.— *Mesembryanthemum albidum* Linn. (Famille des Ficoïdées.)

A. Bouton (grandeur naturelle).— B. Fleur épanouie. — C. Coupe verticale d'une fleur. — D. Étamine vue antérieurement. — E. Id., vue postérieurement. — F. Un ovule (grossi). — G. Péricarpe. — H. Coupe horizontale d'un péricarpe (grossie). — I. Graines (grandeur naturelle).— J. Graine grossie. — K. Id., coupée longitudinalement : *a*, Périsperme ; *b*, Embryon.

Nº 2. JOUBARBE DES MONTAGNES. — *Sempervivum montanum* Linn. (Famille des Crassulacées.)

A. Fleur épanouie (grandeur naturelle). — B. Calice. — C. Une étamine. — D. Pistil (grossi). — E. Péricarpe (grandeur naturelle). — F. Une des coques du péricarpe, déhiscente.— G. Id., fendue longitudinalement. — H. Graine (grossie).— I. Id., coupée horizontalement : *a*, Embryon. — J. Id., coupée verticalement : *a*, Embryon.

Nº 3. CLAYTONIA DE VIRGINIE. — *Claytonia virginiana* Linn. (Famille des Portulacées.)

A. Fleur grossie. — B. Un pétale. — C. Fleur dépouillée de la corolle : *a, a*, Calice ; *b, b*, Étamines ; *c*, Ovaire ; *d*, Style. — D. Étamine. — E. Calice et pistil — F. Péricarpe accompagné du calice.— G. Id., dont on a écarté le calice. — H. Id., coupé horizontalement. — I. Id., en déhiscence : *a, a, a*, Graines. — J. Graine (grandeur naturelle) — K. Graine grossie. — L. Id., coupée verticalement : *a*, Périsperme ; *b*, Embryon.— M. Embryon retiré du périsperme : *a*, Cotylédons ; *b*, Radicule.

PLANCHE 38.

LYCHNIDE A GRANDES FLEURS. — *Lychnis grandiflora* Jacq. (Famille des Silénées.)

Ramule florifère (½ grandeur naturelle).

A. Bouton. — B. Calice. — C. Pistil et étamines.— D. Un pétale avec l'étamine qui adhère à sa base : *a, a*, Appendices dentiformes. — E. Étamine vue antérieurement. — F. Étamine vue postérieurement : *a*, Connectif.— G. Calice fructifère. — H. Capsule : *a, a*, Base persistante des filets. — I. Péricarpe coupé horizontalement. — J. Graine (grossie). —

K. Id., coupée verticalement : *a*, Test ; *b*, Périsperme ; *c*, *c*, Embryon.

PLANCHE 39.

Panax Ginseng. — *Panax quinquefolium* Linn. (Famille des Araliacées.)

A. Une ombellule (grandeur naturelle).—B. Id. fructifère.— C. Fleur hermaphrodite (grossie).— D. Fleur mâle (grossie).—E. Étamine.—F, G. Fleurs hermaphrodites, dépouillées de la corolle et des étamines. — H. Id., coupée verticalement : *a*, *a*, Ovules.—I. Péricarpe coupé horizontalement. pour faire voir les deux graines. — J. Graine. — K. Id., coupée verticalement : *a*, Test ; *b*, Périsperme ; *c*, Embryon. — L. Embryon retiré du périsperme : *a*, Radicule.

PLANCHE 40.

N° 1. Mangostan Faux Guttier. — *Garcinia Cambogia* Desrouss. — *Cambogia Gutta* Linn. (Famille des Guttifères.)

A. Rameau florifère et fructifère (¼ grandeur naturelle). — B. Baie coupée transversalement.— C. Graine. — D. Id., dont on a enlevé une portion du test.

N° 2. Clusia rose. — *Clusia rosea* Linn. (Famille des Guttifères.)

A. Fleur mâle (½ grandeur naturelle). — B. Calice de la même, vu postérieurement. — C. Fleur femelle, dépouillée des pétales. — D. Androphore d'une fleur femelle. — E. Portion de l'androphore d'une fleur mâle. — F. Coupe transversale d'une capsule. — G. Capsule déhiscente. — H. Pistil d'une fleur femelle.—I. Graine dépouillée de son arille.—K. Coupe verticale d'un embryon. — L. Graine enveloppée dans son arille. — M. Id. coupée horizontalement.

PLANCHE 41.

Androsème pyramidal (sous le nom de Millepertuis fétide). — *Androsæmum pyramidale* Spach. (Famille des Hypéricacées.)

Rameau florifère de grandeur naturelle.

A. Fleur dépouillée des pétales et des étamines (grossie). — B. Un pétale. — C. Un faisceau d'étamines. — D. Capsule déhiscente. — E. Coupe transversale d'une capsule avant la maturité. — F. Capsule après la déhiscence : *a*, *a*, placentaires. — G. Graine (fortement grossie). — H. Embryon. — I. Coupe d'une graine : *a*, périsperme ; *b*, embryon.

PLANCHE 42.

N° 1. Lavradia des montagnes. — *Lavradia montana* Martius. (Famille des Frankéniacées.)

Rameau florifère, de grandeur naturelle.

N° 3. Lavradia de Vellozo. — *Lavradia Vellozii* Aug. Saint-Hil.

A. Fleur (très-grossie) : *a*, corolle intérieure. — B. Étamine (grossie). — C. Capsule : *a*, restes de la corolle intérieure; *b*, étamines. — D. Capsule en déhiscence. — E. La même dont on a enlevé une des valves, pour faire voir (en *a*) les placentaires. — F. Graine. — G. Coupe de la même : *a*, embryon.

N° 2. Sauvagésia dressé. — *Sauvagesia erecta* Linn. (Famille des Violariées.)

Ramule florifère, de grandeur naturelle.

A. Fleur très-grossie : *a*, filets pétaloïdes; *b*, pétales intérieurs. — B. Un des filets pétaloïdes (grossi). — C. Un des pétales intérieurs. — D. Étamine (grossie). — E. Capsule. — F. Portion inférieure de la même, coupée horizontalement, pour faire voir le rentrement des valves formant trois loges incomplètes. — G. Graine.

PLANCHE 43.

N° 1. CISTE DE CANDIE. — *Cistus creticus* Linn. (Famille des Cistinées.)

Rameau florifère, ¹/₃ grandeur naturelle.

A. Fleur, de grandeur naturelle.

N° 2. CISTE A PETITES FLEURS. — *Cistus parviflorus* Lamk.

A. Fleur (grandeur naturelle). — B. Un pétale. — C. Fleur dépouillée de la corolle. — D. Calice, vu postérieurement. — E. Une étamine (grossie). — F. Pistil et réceptacle (grossis) : *a, a, a, a*, cicatrices de l'insertion des filets; *b*, stigmate. — G. Section verticale d'un pistil : *a*, calice ; *b*, stigmate; *c, c*, ovules. — H. Section horizontale d'un ovaire, pour faire voir les 5 loges. — I. Capsule (du *Cistus albidus*, ainsi que les détails de la graine) en déhiscence (grandeur naturelle). — J. Graines (grandeur naturelle). — K. Une graine grossie. — L. Coupe de la même : *a, a*, cotylédons; *b*, radicule.

PLANCHE 44.

ROCOUYER TINCTORIAL. — *Bixa Orellana* Linn. (Famille des Bixinées.)

Rameau florifère, ¹/₂ grandeur naturelle.

A. Fleur vue en dessous. — B. Une étamine. — C. Pistil. — D. Capsule déhiscente. — E. Graine (grandeur naturelle) : *a*, funicule. — F. Coupe de la même : *a*, embryon. — G. Embryon (grossi) : *a*, radicule. — H. Graine en germination.

PLANCHE 45.

N° 1. NORANTÉA DU BRÉSIL. — *Norantea adamantium* Cambess. (Famille des Marcgraviacées.)

Ramule florifère, de grandeur naturelle.

A. Fleur entière (grossie). — B. Un pétale avec les étamines qui adhèrent à sa base. — C. Une étamine. — D. Fleur dépouillée des étamines et des pétales, pour faire voir le calice et le pistil. — E. Coupe transversale de l'ovaire.

N° 2. MARCGRAVIA A OMBELLES. — *Marcgravia umbellata* Linn. (Famille des Marcgraviacées.)

A. Fleur avant l'épanouissement, accompagnée de son pédoncule (grandeur naturelle) : *a*, bractée en forme d'utricule, adnée au pédoncule. — B. Fleur au moment de l'épanouissement : *a*, calice; *b*, corolle : elle est caduque et en forme de coiffe. — C. Corolle isolée. — D. Fleur après la chûte de la corolle. — E. La même, dépouillée des étamines, pour faire voir le calice et le pistil. — F. Coupe transversale de l'ovaire. — G. Graine.

PLANCHE 46.

Nº 1. OPUNTIA (sous le nom de CACTUS) TUNA. — *Opuntia Tuna* Mill. (Famille des Nopalées.)

A. Rameau florifère de grandeur naturelle. — B. Section verticale de l'ovaire (grandeur naturelle) : *a, a*, étamines; *b*, style; *c*, stigmates; *d*, cavité de l'ovaire. — C. Coupe horizontale de l'ovaire (grossie). — D. Coupe verticale d'un fruit. — E. Coupe horizontale du même.

Nº 2. ÉPIPHYLLE (sous le nom de CACTUS) TRONQUÉ. — *Cactus truncatus* Link. (Famille des Nopalées.)

A. Section verticale d'une fleur dépouillée des pétales ; *a, a*, filets des étamines; *b*, style; *c*, stigmates; *d, d*, ovaire. — B. Une étamine. — C. Section horizontale d'un ovaire. — D. Un ovule (grossi) : *a*, funicule; '*b*, nucelle. — E. Le même, plus avancé : *a*, exostome; *b*, funicule. — F. Graine. — G. Section transversale de la même. — H. Section longitudinale de la même. — I. Embryon isolé : *a*, radicule; *b*, cotylédons.

PLANCHE 47.

Nº 1. CORÉOSMA (sous le nom de GROSEILLIER) A FLEURS POURPRES. — *Coreosma sanguineum* Spach. (Famille des Grossulariées.)

Rameau florifère de grandeur naturelle.

Nº 2. CHRYSOBOTRYA INTERMÉDIAIRE (sous le nom de GROSEILLIER A FLEURS JAUNES). — *Chrysobotrya intermedia* Spach. (Famille des Grossulariées.)

A. Fleur entière (grossie). — B. Section verticale d'une fleur : *a, a*, tube calicinal; *b, b, b*, segments du limbe calicinal; *c, c*, pétales; *d, d*, étamines; *e*, portion inférieure du style; *f, f*, ovaire; *g*, ovules. — C. Un pétale. — D. Une étamine, avant la déhiscence, vue antérieurement. — E. La même, après l'anthèse. — F. Une étamine, vue postérieurement. — G. Style. — H. Section horizontale d'un ovaire : *a, a*, placentaires. — I. Fruit du *Chrysobotrya revoluta*. — K. L. Graines de la même espèce. — M. Coupe longitudinale de la graine (grandeur naturelle) : *a*, embryon. — N. Embryon grossi : *a*, suspenseur.

PLANCHE 48.

Nº 1. COURGE CONCOMBRE. — *Cucumis sativus* Linn. (Famille des Cucurbitacées.)

A. Fleur entière, avant l'épanouissement. — B. Plan symétrique de l'estivation des anthères. — C. Fleur mâle épanouie. — D. La même, fendue longitudinalement et déployée. — E. Fleur mâle, dépouillée du calice et de la corolle. — F. Une étamine, vue en dessous. — G. La même, vue latéralement. — H. Fleur femelle entière. — I. Fleur femelle dépouillée de la corolle.

Nº 2. COURGE DES SERPENTS. — *Cucumis Anguria* Linn.

A. Fruit entier. — B. Coupe horizontale du même. — C. Section verticale et horizontale d'un fruit. — D. Graine.

PLANCHE 49.

TRICHOSANTHE AMER. — *Trichosanthes amara* Linn. (Famille des Cucurbitacées.)

Sarment florifère, de grandeur naturelle.

A. Moitié inférieure d'un fruit coupé horizontalement (grandeur naturelle).

N° 2. Févilléa cordiforme. — *Fevillea cordata* Linn. (Famille des Cucurbitacées.)

A. Fleur mâle, vue en dessus. — B. La même, vue postérieurement. — C. La même, dépouillée du calice et de la corolle. — D. Étamine vue antérieurement. — E. Étamine vue postérieurement. — F. Fleur femelle. — G. Fleur femelle dépouillée de la corolle. — H. Coupe horizontale de l'ovaire. — I. Coupe verticale de l'ovaire. — K. Coupe horizontale du fruit. — L. Une graine enveloppée dans son arille. — M. La même, dépouillée de l'arille.

PLANCHE 50.

Papayer commun. — *Carica Papaya* Linn. (Genre rangé par plusieurs auteurs à la suite des Cucurbitacées, et constituant, suivant d'autres, la famille des Papayacées.)

Port de l'arbre.

A. Portion d'une panicule. — B. Fleur avant l'épanouissement. — C. Fleur mâle fendue et déployée. — D. Une étamine vue antérieurement. — E. Une étamine vue postérieurement. — F. Fleur femelle. — G. La même, dépouillée de la corolle.— H. Coupe de l'ovaire. — I. Fruit (beaucoup plus petit que de nature). — J. Portion inférieure du même, coupé horizontalement. — K. Graine. — L. La même, dépouillée d'une partie du test. — M. Amande isolée. — N. Coupe longitudinale de l'amande. — O. Embryon isolé.

PLANCHE 51.

N° 1. Murucuja pourpre. — *Murucuja ocellata* Pers. (Famille des Passiflorées.)

Sarment florifère, de grandeur naturelle.

N° 2. Grenadille filamenteuse. — *Passiflora filamentosa* Cavan. (Famille des Passiflorées.)

A. Section verticale d'une fleur. — B. Fleur dépouillée des périanthes et des filets stériles ou staminodes : *a, a, a,* anthères; *b, b,* colonne formée par la soudure des filets anthérifères avec le stipe de l'ovaire ; *c, c,* place de l'insertion des staminodes; *d, d,* id., de la corolle; *e, e,* id., du calice. — C. Une étamine (grossie). — D. Portion inférieure d'un ovaire coupé horizontalement.— E. Un ovule (grossi).

N° 3. Grenadille ailée. — *Passiflora alata* Ait.

A. Graine en partie recouverte de son arille. — B. La même, dépouillée de son arille. — C. Section longitudinale d'une graine, pour faire voir le périsperme et l'embryon.

PLANCHE 52.

Chèvrefeuille jaune. — *Caprifolium pubescens* Goldie. (Famille des Caprifoliacées.)

Ramule florifère de grandeur naturelle.

A. Fleur dont on a fendu et déployé la corolle. — B. Une étamine vue antérieurement.— C. Une étamine vue postérieurement.—D. Coupe verticale du pistil : *a, a,* limbe calicinal ; *b,* style ; *c,* stigmate ; *d, d,* ovules.— E. Coupe horizontale d'un ovaire. — F. Un fruit (grandeur naturelle).— G. Coupe verticale du même. — H. Graine (grossie).— I. Amande isolée.— J. Coupe longitudinale d'une graine : *a,* périsperme ; *b,* embryon.

PLANCHE 53.

N° 1. CAPRIER ÉPINEUX. — *Capparis spinosa* Linn. (Famille des Capparidées.)

Ramule florifère (²/₃ de grandeur naturelle).

N° 2. CAPRIER D'ÉGYPTE. — *Capparis ægyptia* Linn.

A. Fleur dépouillée des étamines et des pétales : *a,* stipe de l'ovaire ou thécaphore ; *b,* ovaire.— B. Un fruit. — C. Portion inférieure du même, coupé horizontalement. — D. Une graine (grossie) : *a,* hile.— E. Coupe longitudinale de la même : *a,* test ; *b,* embryon. — F. Embryon isolé.

PLANCHE 54.

N° 1. VÉLAR GIROFLÉE. — *Erysimum cheiranthoides* Linn. (Famille des Crucifères.)

A. Fleur entière. — B. La même, dépouillée du calice et des pétales : *a, a,* glandes du disque — C. Pistil.— D. Le même, dont on a enlevé l'une des valves. — E. Un ovule fortement grossi : *a,* appendice de la chalaze. — F. Une graine coupée transversalement. — G. Embryon isolé.

N° 2. TABOURET DES CHAMPS. — *Thlaspy arvense* Linn. (Famille des Crucifères.)

A. Fleur entière. — B. Fleur dont on a enlevé les pétales. — C. Fleur dont on a enlevé les pétales et les sépales : *a, a,* glandes du disque.— D. Pistil : *a. a,* glandes du disque.— E. Pistil dont on a enlevé les valves de l'ovaire, pour faire voir le placentaire et l'attache des ovules.— F. Une silicule. — G. Portion inférieure de la même, coupée horizontalement.

PLANCHE 55.

N° 1. PAVOT COQUELICOT.— *Papaver Rhœas* Linn. (Famille des Papéracées.)

A. Fleur avant l'épanouissement. — B. Fleur épanouie.— C. Pistil et étamines : *a,* étamines ; *b,* granules polliniques ; *d, d,* stigmates.— D. Capsule.— E. Portion inférieure d'une capsule coupée horizontalement. — F. Une graine (fortement grossie) : *a,* caroncule.— G. Coupe longitudinale d'une graine : *a,* périsperme ; *b,* embryon. — H. Embryon.

N° 2. GLAUCIENNE JAUNE. — *Glaucium flavum* Mill. (Famille des Papavéracées.)

A. Fleur avant l'épanouissement : *a,* calice. — B. Fleur épanouie.— C. Fleur dépouillée de la corolle et du calice : *a,* stigmate.— D. Un faisceau d'étamines. — E. Pistil coupé horizontalement. — F. Capsule. — G. La même, déhiscente. — H. Graine : *a,* hile ; *b,* caroncule. - I. Graine coupée longitudinalement : *a,* périsperme ; *b,* embryon.— J. Embryon isolé.

PLANCHE 56.

GARANCE TINCTORIALE.— *Rubia tinctorum* Linn. (Famille des Rubiacées.)

Rameau florifère, de grandeur naturelle.

A. Fleur entière (grossie).—B. Corolle fendue et déployée, pour faire voir l'attache des étamines. — C. Une étamine, vue antérieurement.— —D. Fleur dépouillée de la corolle : *a, a,* disque ; *b, b,* styles ; *c, c,* stigmates. — E. Section verticale de la même : *a, a,* disque ; *b, b,* ovules.— F. Graine.—G. Embryon.

PLANCHE 57.

Nº 1. RENONCULE ACRE. — *Ranunculus acris* Linn. (Famille des Renonculacées.)

A. Un pétale. — B. Une étamine vue antérieurement. — C. Id., vue postérieurement. — D. Un des ovaires isolé. — E. Id., coupé longitudinalement : *a,* ovule.— F. Ovule (grossi).

Nº 2. CLÉMATITE A FEUILLES ÉTROITES. — *Clematis angustifolia* Jacq. (Famille des Renonculacées.)

A. Fleur entière. — B. La même, dépouillée d'une partie des sépales et des étamines, pour faire voir le pistil et l'insertion des filets.—C. Une étamine vue antérieurement. — D. Id., vue postérieurement.— E. Un des ovaires isolé. — F. Péricarpe (étairion). — G. Une graine. — H. Coupe verticale d'une nucule et de la graine qu'elle renferme : *a,* périsperme ; *b,* embryon.

PLANCHE 58.

Nº 1. ELLÉBORE DES ANCIENS. — *Helleborus orientalis* Desfont. (Famille des Helléboracées.)

Tige florifère et feuille radicale ($1/2$ grandeur naturelle).

A. Péricarpe. — B. Portion de la souche souterraine.

Nº 2. ELLÉBORE NOIR. — *Helleborus niger* Linn.

A. Fleur dépouillée du calice : *a, a,* pétales ; *b, b,* étamines ; *c, c,* ovaires ; *d, d,* stigmates.—B. Section verticale d'une fleur : *a, a,* portion du calice. — C. Un pétale (grossi).—D. Une étamine vue antérieurement. —E. Id., vue postérieurement.— F. Un ovaire coupé transversalement. — G. Une graine.—H. Coupe longitudinale d'une graine : *a,* embryon. — I. Embryon isolé.

PLANCHE 59.

Nº 1. HIBBERTIA VOLUBILE.— *Hibbertia volubilis* Andr. (Famille des Dilléniacées.)

Rameau florifère, de grandeur naturelle.

Nº 2. HIBBERTIA DENTÉ. — *Hibbertia dentata* R. Brown.

A. Fleur dépouillée de la corolle. —B. Un pétale.—C. Section verticale d'une fleur dépouillée des pétales : *a, a,* calice ; *b, b,* étamines. — D. Étamine vue antérieurement.— E. Id. vue postérieurement.—F. Péricarpe, en partie recouvert par le calice.—G. Fleur dépouillée des périanthes et d'une partie des étamines. — H. Portion inférieure d'un ovaire coupé transversalement, pour faire voir les ovules.— I. Un ovule

(fortement grossi). — J. Une graine. — K. Coupe de la même, pour faire
voir le périsperme et l'embryon.

PLANCHE 60.

DRYMIS POLYMORPHE. — *Drymis granatensis* Kunth. (Famille des Ma-
gnoliacées.)

A. Bouton (grossi). — B. Id., au moment de l'épanouissement. — C. Un
pétale (grandeur naturelle). — D. Le même (grossi). — E. Une étamine
vue antérieurement. — F. Id., vue postérieurement. — G. Un des ovaires.
— H. Section verticale d'un ovaire (grossi). — I. Pétale d'une variété.
— K. Péricarpe (étairion). — L. M. Graines. — N. Amande.

PLANCHE 61.

N° 1. ANONA (ou *Corossol*) ÉCAILLEUX. — *Anona squamosa* Linn.
(Famille des Anonacées.)

Rameau florifère (¹/₂ de grand. nat.).

A. Une fleur (grand. nat.). — B. Une étamine (grossie) vue postérieurement. — C. Un fruit. — D. Coupe verticale du même, pour faire
voir la situation des graines. — E. Une graine, enveloppée dans son
arille. — F. La même, dépouillée de l'arille. — G. Section longitudinale d'une graine. — H. Embryon isolé (grossi).

N° 2. ROLLINIA A LONGUES FEUILLES. — *Rollinia longifolia* Aug.
Saint-Hil. (Famille des Anonacées.)

A. Fleur entière, vue en dessus. — B. Fleur dont on a enlevé la
corolle, pour montrer les étamines et le pistil. — C. Id., vue en dessus,
pour faire voir les 3 sépales. — D. Le réceptacle staminifère et le pistil,
isolés. — E. Une étamine vue postérieurement. — F. Id., vue antérieurement.

PLANCHE 62.

N° 1. CISSAMPÈLE PARÉIRA. — *Cissampelos Pareira* Linn. (Famille
des Ménispermées.)

A. Rameau florifère de l'individu mâle (grand. nat.). — B. Une grappe
de fruits.

N° 2. MÉNISPERME DU CANADA. — *Menispermum canadense* Linn.
(Famille des Ménispermées.)

A. Une fleur mâle (grossie). — B. Une étamine : *a, a, a*, Bourses de
l'anthère, s'ouvrant latéralement ; *b*, connectif, couronné par une glandule. — C. Une fleur femelle : *a, a*, Sépales ; *b, b*, Pétales ; *c*, Pistil.
— D. Un fruit (à un seul drupe). — E. Autre fruit (à deux drupes).
— F. Id., coupé horizontalement. — G. Id., coupé verticalement. — H.
Noyau d'un drupe dépouillé de son enveloppe charnue. — I. Une
graine. — J. Embryon isolé, dans sa position naturelle : *a*, radicule.

PLANCHE 63.

CAFIER CULTIVÉ. — *Coffea arabica* Linn. (Famille des Rubiacées.)
Ramule en fleurs et en fruit (grand. nat.).

A. Limbe du calice et style. — B. Une corolle, fendue longitudinalement et déployée, montrant la forme et l'insertion des étamines. — C.

Un drupe (grand. nat.). — D. Le même, coupé de manière à faire voir
la moitié supérieure des 2 noyaux. — E. Coupe horizontale d'un drupe. — F. Un noyau. — G. Une graine coupée longitudinalement. — H.
Embryon isolé.

PLANCHE 64.

Cnicus Chardon-béni.— *Cnicus benedictus* Gærtn. (Famille des Synanthérées, tribu des Centauriées.)

Rameau terminé par une calathide (grand. nat.).

A. Coupe verticale d'une calathide, dépouillée d'une partie des écailles
du péricline (involucre), pour faire voir le clinanthe (réceptacle commun) garni de fimbrilles. — B. Une fleur (stérile) de la couronne
(grossie). — C. Une fleur (fertile) du disque (grossie) : *a*, Gaîne formée
par la soudure des anthères; *b*, partie saillante des stigmates; *c*,
Aréole basilaire de l'ovaire; *d*, *d*, Bourrelet dont est couronné l'ovaire;
e, *e*, soies de l'aigrette extérieure. — D. Les 5 étamines d'une fleur fertile. — E. L'un des stigmates (très-grossi). — F. Une graine (grossie) :
elle est couronnée par un bourrelet intérieur à 10 dents, et par une
aigrette de soies disposées sur 2 rangs : *a*, *a*, Aréole basilaire.—G. Coupe
verticale d'une graine : *a*, *a*, Aréole basilaire; *b*, *b*, Bourrelet en forme
de couronne; *c*, *c*, Aigrette intérieure; *d*, *d*, Aigrette extérieure; *e*, *e*,
Péricarpe; *f*, *f*, Embryon. — H. Embryon isolé, dans sa position naturelle.

PLANCHE 65.

Doronic du Caucase. — *Doronicum caucasicum* Marsch. Bieb. (Famille des Synanthérées, tribu des Sénécionées.)

Partie supérieure d'une tige florifère, et feuilles radicales (grandeur
naturelle).

A. Calathide dépouillée des fleurs, pour faire voir (en *a*) la forme du
réceptacle ou *clinanthe*, ainsi que les folioles de l'involucre ou *péricline* (*b*. *b*). — B. Une des fleurs-femelles liguliformes qui constituent la
couronne (ou rayon) : *a*, Ovaire; *b*, *b*, Corolle; *c*, Style. — C. Même
fleur dont on a enlevé une portion de la corolle et de l'ovaire (fortement
grossie) : *a*, Ovule; *b*, fragment du tube de la corolle; *c*, Stigmates.
— D. Une des fleurs régulières hermaphrodites du disque (fortement
grossie) : *a*, Ovaire; *b*, Aigrette; *c*, Tube formé par la soudure des anthères; *d*, Appendices apicilaires des anthères; *e*, sommet du style; *f*,
f, Stigmates. — E. Étamines d'une fleur hermaphrodite (fortement
grossies) : *a*, Filet; *b*, Article anthérifère du même; *c*, Bourse de l'anthère; *d*, Appendice apicilaire de l'anthère.

PLANCHE 66.

Daïs a feuilles de Fustet. — *Daïs cotinifolia* Linn. (Famille des
Thymélées.)

A. Ramule florifère (grandeur naturelle). — B. Pédoncule dont on a
enlevé les fleurs, pour faire voir la forme du réceptacle commun
(grossi) : *a*, Une des bractées de l'involucre; *b*, Aréoles sur lesquelles
sont insérées les fleurs. — C. Une fleur entière (grossie). — D. Perianthe

de la même, fendu longitudinalement et déployé, pour faire voir l'insertion des étamines. — E. Une étamine, vue antérieurement. — F. Id., vue postérieurement. — G. Pistil : *a*, Ovaire (couronné de poils); *b*, Style; *c*, Stigmate. — H. Coupe verticale d'un ovaire, pour faire voir l'ovule, suspendu au sommet de la loge. — I. Portion inférieure d'un ovaire coupé horizontalement : *a*, Paroi; *b*, Ovule.

PLANCHE 67.

ATROPA BELLADONE. — *Atropa Belladona* Linn. (Famille des Solanées.)
A. Rameau florifère et fructifère (grandeur naturelle). — B. Une corolle fendue longitudinalement et déployée, pour faire voir l'insertion des étamines et leur longueur relative. — C. Une étamine vue antérieurement. — D. Id., vue postérieurement. — E. Fleur dépouillée du calice et de la corolle : *a*, Fragments de la base du calice ; *b*, Disque ; *c*, Ovaire; *d*, Style; *e*, Stigmate. — F. Coupe horizontale d'une baie accompagnée du calice. — G. Graine (grossie). — H. Coupe longitudinale de la même : *a*, Test; *b*, Périsperme; *c*, Embryon.

PLANCHE 68.

ARROCHE CULTIVÉE. — *Atriplex hortensis* Linn. (Famille des Chénopodées.)
A. Rameau de grandeur naturelle. — B. Une fleur mâle (très-grossie). — C. Une étamine vue antérieurement. — D. Calice fructifère d'une fleur hermaphrodite (grossi). — E. Fruit d'une fleur hermaphrodite, dépouillé du calice : *a*, traces des styles. — F. Le même, coupé verticalement entre les styles : *a*, Péricarpe et épisperme soudés; *b*, Cotylédons; *c*, Radicule; *d*, Perisperme. — G. Coupe horizontale du même fruit, pour faire voir la forme de l'embryon : *a*, Péricarpe et épisperme soudés ; *b*, *b*, Cotylédons; *e*, Radicule; *d*, Périsperme. — H. Calice fructifère d'une fleur femelle. — I. Le même (grossi), dont on a enlevé l'un des sépales pour faire voir le fruit (avant sa maturité). — K. Fruit mûr d'une fleur femelle, vu de profil. — L. Coupe verticale du même : *a*, Péricarpe et épisperme soudés; *b*, Radicule; *c*, *c*, Cotylédons; *d*. Périsperme. — M. Coupe horizontale du même : *a*, Radicule; *b*, Périsperme; *c*, Cotylédons.

PLANCHE 69.

Nº 1. SOUTHWELLIA DE ROXBURGH. — *Southwellia Roxburghiana* Spach. — *Sterculia Roxburghiana* Wallich. (Famille des Sterculiacées.) Rameau florifère (grandeur naturelle).
Nº 2. Analyse de la fleur et du fruit du FIRMIANA A FEUILLES DE PLATANE. — *Firmiana platanifolia* Schott et Endl. — *Sterculia platanifolia* Linn. (Famille des Sterculiacées.)
A. Portion d'une panicule, pour faire voir l'inflorescence. — B. Un bouton, pour faire voir l'estivation valvaire des sépales. — C. Plan symétrique de la fleur : *a*, Calice; *b* Étamines; *c*, Ovaire. — D. Fleur épanouie. — E. Étamines et pistil (grossis) : *a*, Portion de l'androphore; *b*, *b*, Anthères; *c*, Style; *d*, Stigmate. — F. Granules polliniques, vus au microscope. — G. Section verticale d'une fleur épanouie (très-grossie) :

a, a, Sépales ; *b*, Androphore ; *c, c, c*, Anthères ; *d, d*, Loges de l'ovaire.
— H. Un jeune fruit, les follicules (loges de l'ovaire) étant déjà désunis, mais encore clos : *a*, Suture antérieure de l'un des follicules, par laquelle s'opère plus tard la déhiscence. — I. Péricarpe à peu près mûr ($\frac{1}{2}$ grandeur naturelle) : *a, a, a*, Graines.—J. Une graine (grandeur naturelle). — K. Coupe verticale d'une graine : *a*, Épisperme, composé de 3 couches distinctes ; *b*, Périsperme ; *c*, Embryon.—L. Embryon isolé (grossi) : *a*, Radicule ; *b*, l'un des cotylédons : il est légèrement penninervé.

PLANCHE 70.

Técoma radicant (par erreur sous le nom de Técoma de Chine).—*Tecoma radicans* Juss. (Famille des Bignoniacées.)

A. Ramule florifère ($\frac{1}{2}$ grandeur naturelle). — B. Une corolle, fendue longitudinalement et déployée, pour faire voir l'insertion des étamines : *a*, lobe supérieur ; *b*, le filet stérile. — C. Une étamine, vue antérieurement. — D. Id., vue postérieurement.— E. Pistil (grossi), coupé horizontalement en *a*, pour faire voir les 2 loges, la cloison, les placentaires et les ovules ; *b*, Disque.— F. Capsule ($\frac{1}{10}$ de grandeur naturelle), après la chute des graines : *a*, Placentaire : on y remarque les cicatrices provenant de l'insertion des graines. — G. Une graine (un peu grossie) : *a*, Arille en forme d'aile membraneuse. — H. Coupe verticale de la même : *a*, Arille ; *b*, Épisperme ; *c*, Embryon. — I. Embryon (grossi), dont on a enlevé l'un des cotylédons, pour faire voir (en *a*) la radicule.

PLANCHE 71.

Aristoloche Clématite. — *Aristolochia Clematitis* Linn. (Famille des Aristolochiées.)

A. Partie supérieure d'une tige florifère et fructifère (grandeur naturelle). — B. Une fleur dépouillée du périanthe (grossie) : *a*, Ovaire ; *b*, Corps charnu formé par la soudure des étamines et des styles ; *c, c, c*, Anthères ; *d*, Stigmate. — C. Coupe horizontale d'un ovaire, pour faire voir les 6 loges et l'attache des ovules. — D. Coupe horizontale d'un fruit : on y remarque 6 loges, complétement remplies par les graines.— E. Une graine (grandeur naturelle). — F. Coupe horizontale de la même ; *a*, Arille ; *b*, Test ; *c*, Périsperme ; *d*, Embryon ; *e*, Hile. — G. Embryon isolé, très-grossi : *a*, Radicule.

PLANCHE 72.

Sarrasin cultivé. — *Fagopyrum sativum* Spach. — *Polygonum Fagopyrum* Linn. (Famille des Polygonées.)

A. Ramule florifère et fructifère (grandeur naturelle).— B. Une feuille caulinaire inférieure (grandeur naturelle). — C. Une fleur entière (grossie), vue en dessus : *a, a*, Glandules du disque. — D. Une étamine, vue antérieurement. — E. Id., vue postérieurement. — F. Le pistil (grossi). — G. Le même, dont on a enlevé une portion de l'ovaire, par une coupe verticale, pour faire voir la loge : *a*, Ovule ; *b*, Hile et chalaze, confondus en un seul point. — H. Un péricarpe (grandeur naturelle). — I. Une graine (grandeur naturelle). — K. Coupe verticale d'une graine (grossie) : *a*, Périsperme ; *b*, *b*, Embryon. — L. Embryon isolé, dans sa position naturelle : *a*, sommet de la radicule. — M. Le même, dont on a enlevé l'un des cotylédons et déroulé l'autre : *a*, Radicule.

PLANCHE 73.

CALYSTÉGIA SCAMMONÉE. — *Calystegia Scammonia* R. Br. — *Convolvulus Scammonia* Linn. (Famille des Convolvulacées.)

A. Ramule florifère (grandeur naturelle). — B. Une fleur dépouillée de sa corolle et d'une partie des sépales, pour faire voir le disque et le pistil : *a*, un des sépales; *b*, Disque; *c*, Ovaire ; *d*, Style ; *e*, *e*, Stigmates. — C. Coupe verticale d'un ovaire; montrant deux des loges, contenant chacune un seul ovule attaché à la base de l'angle interne. — D. Une corolle fendue et déployée, pour faire voir l'insertion des étamines. — E. Une étamine, vue antérieurement (grossie). — F. Id., vue postérieurement. — G. Une capsule, en déhiscence, accompagnée du calice (grandeur naturelle). — H. Coupe horizontale d'une capsule, avant sa parfaite maturité, pour faire voir les 4 loges et la graine que renferme chacune d'elles : *a*, Péricarpe; *b*, Épisperme ; *c*, Embryon : le périsperme remplit les interstices tant entre l'épisperme et l'embryon, qu'entre les replis des cotylédons. — I. K. Graines, de grandeur naturelle : *a*, Hile. — L. Coupe verticale d'une graine (grossie), montrant les sinuosités des cotylédons, et le périsperme (représenté par la teinte noire) qui en remplit les interstices : *a*, Épisperme ; *b*, *b*, *b*, Cotylédons. — M. Embryon (grossi) isolé, dans sa position naturelle : *a*, Radicule.

PLANCHE 74.

CONSOUDE OFFICINALE. — *Symphytum officinale* Linn. (Famille des Borraginées.)

A. Rameau florifère (grandeur naturelle). — B. Une corolle dont on a enlevé une portion du limbe, pour faire voir la position naturelle des appendices pétaloïdes. — C. Une corolle (grossie) fendue longitudinalement et déployée, pour montrer la forme et l'insertion des étamines ainsi que des appendices. — D. Une étamine (grossie), vue antérieurement.—E. Id., vue postérieurement.—F. Une fleur (grossie) dépouillée du calice et de la corolle, pour montrer la structure du pistil : *a*, Disque; *b*, *b*, *b*, *b*, les quatre coques du pistil ; *c*, Style; *d*, Stigmate. — G. Portion inférieure d'un pistil coupé horizontalement, montrant l'intérieur des 4 coques renfermant chacune un seul ovule (encore creux au centre). — H. Le péricarpe composé de quatre nucules (grandeur naturelle). — I. Une des nucules isolée : *a*, mamelon conique moyennant lequel elle est insérée au réceptacle. — K. Une graine (grossie). — L. Coupe verticale de la même. — M. Embryon isolé.

PLANCHE 75.

N° 1. COMMÉLINA TUBÉREUX. — *Commelyna tuberosa* Linn. (Famille des Commélinées.)

A. Rameau florifère (grandeur naturelle).— B. Une des étamines stériles (grossie). — C. Les trois étamines fertiles.

N° 2. TRADESCANTIA DE VIRGINIE. — *Tradescantia virginica* Linn.
(Famille des Commélinées.)

A. Une fleur entière, vue de face (grandeur naturelle). — B. Une
étamine (grossie) avec les poils articulés insérés à la base du filet, vue
antérieurement. — C. Id., vue postérieurement. — D. Fleur dépouillée
du périanthe intérieur et des étamines, pour faire voir le pistil et les 3
sépales du périanthe extérieur. — E. Coupe horizontale d'un ovaire ; la
cavité de chacune des 3 loges est remplie par un seul ovule. — F. Une
capsule ouverte, avec une partie des graines (a, a, a, a, a, a,) encore
fixées aux valves. — G. Une graine (grossie) : a, Exostome. — H. La
même, vue en dessus, dépouillée de son enveloppe extérieure tubercu-
leuse : a, Exostome. — I. Id., vue en dessous : a, Raphé. — J. Graine
coupée de manière à faire voir la situation de l'embryon (transverse relativement à la position de la graine dans le péricarpe) et le repli de l'épisperme correspondant à la radicule : a, Épisperme ; b, Périsperme ; c,
Embryon. — K. Embryon isolé : a, l'extrémité radiculaire.

<h2 style="text-align:center">PLANCHE 76.</h2>

N° 1. RICIN COMMUN. — *Ricinus communis* Linn. (Famille des Euphorbiacées.)

A. Bouton d'une fleur-mâle (grandeur naturelle). — B. Fleur-mâle
épanouie (grandeur naturelle). — C. Un des androphores (grossi) isolé,
pour faire voir les ramifications des filets. — D. Une anthère (grossie).
— E. Fleur femelle (grandeur naturelle) : a, Stigmates. — F. Péricarpe
(grandeur naturelle). — G. Coupe transversale d'un péricarpe, pour
faire voir les 3 loges, remplies chacune par une seule graine : a, a, parois
péricarpiennes ; b, Épisperme ; c, Périsperme ; d, Embryon. — H. Une
des coques du péricarpe, vue antérieurement. — I. Une graine (grandeur
naturelle) : a, Caroncule. — J. Coupe verticale d'une graine : a, Épisperme ; b, Périsperme ; c, Embryon ; d, Caroncule. — K. Embryon isolé,
dont on a un peu écarté les cotylédons.

N° 2. SABLIER ÉLASTIQUE. — *Hura crepitans* Linn. (Famille des Euphorbiacées.)

A. Fleur-mâle : a, Calice ; b, Androphore ; c, c, Anthères. — B. Coupe
transversale d'un jeune fruit, pour faire voir les coques qui le composent,
rangées circulairement autour d'un axe central : a, a, parois péricarpiennes ; b, Épisperme ; c, Périsperme ; d, section des cotylédons. — C.
Une des coques isolée : les mêmes lettres indiquent les mêmes organes
que dans la figure B. — D. Une graine (grandeur naturelle). — E. Id.,
coupée verticalement : a, Épisperme (épais et presque ligneux) ; b, Périsperme ; c, Embryon. — F. Embryon isolé : a, radicule.

N° 3. EUPHORBE DES MARÉCAGES. — *Euphorbia palustris* Linn. (Famille des Euphorbiacées.)

A. Involucre entier, renfermant une seule fleur-femelle (centrale) et
plusieurs fleurs mâles (constituées chacune par une seule étamine) : a,
a, a, Glandules qui couronnent les lobes de l'involucre. — B. Involucre
fendu longitudinalement et déployé, pour faire voir l'insertion des fleurs :
a, a, Bractées situées à la base des fleurs-mâles ; b, b, b, Fleurs-mâles ;
c, Support du pistil ; d, Ovaire ; e, Stigmates. — C. Une fleur mâle isolée :

a, Bractée; *b*, Support de l'étamine, articulé à la base du filet (en *c*); *d*, Filet; *c*, Anthère. — D. Placentaire auquel on n'a laissé subsister qu'une graine coupée verticalement : *a*, *a*, restes des fleurs mâles et de l'involucre; *b*, support du pistil; *c*, Périanthe; *d*, *d*, Placentaires; *e*, Caroncule; *f*, Radicule et plumule; *g*, Perisperme; *h*, l'un des cotylédons; *i*, Épisperme. — E. Un péricarpe, vu en dessous. — F. Coupe transversale d'un péricarpe. — G. Une des coques du péricarpe isolée, vue antérieurement. — H. Id., après la déhiscence. — I. Une graine (grossie) : *a*, Caroncule; *b*, Raphé; *c*, Chalaze. — J. Coupe verticale d'une graine dépouillée de son épisperme : *a*, Périsperme; *b*, Embryon.

PLANCHE 77.

SCHIZANTHUS ÉTALÉ. — *Schizanthus porrigens* Hook. (Famille des Scrophularinées.)

A. Rameau florifère (grandeur naturelle). — B. Lèvre supérieure d'une corolle : *a*, *a*, filets stériles. — C. Lèvre inférieure d'une corolle avec les deux étamines (*a*, *a*,) qui y sont insérées. — D. Une étamine (grossie), vue antérieurement. — E. Id., vue postérieurement. — F. Une fleur dépouillée du calice et de la corolle, pour faire voir le pistil. — G. Coupe horizontale d'un ovaire, pour faire voir les deux loges, les placentaires et les ovules. — H. Capsule, dont on a écarté les deux valves pour faire voir le placentaire : *a*. — I. Une graine (grossie). — J. Coupe longitudinale d'une graine : *a*, Épisperme; *b*, Périsperme; *c*, Embryon. — K. Embryon isolé : *a*, Radicule; *b*, Cotylédons.

PLANCHE 78.

CAMPANULE DES CARPATHES. — *Campanula carpathica* Linn. (Famille des Campanulacées.)

A. Rameau florifère (grandeur naturelle). — B. Une étamine (grossie) prise dans un bouton assez jeune, vue antérieurement. — C. Id., vue postérieurement. — D. Coupe longitudinale d'un bouton, peu avant l'épanouissement (grossie) : *a*, *a*, Ovaire, adhérent au tube calicinal; *b*, *b*, Segments du limbe calicinal; *c*, *c*, fragments de la corolle; *d*, *d*, points d'insertion de deux des étamines; *e*, *e*, les trois stigmates, connivents avant l'anthèse. — E. Fleur épanouie, dépouillée de la corolle. — F. Coupe horizontale d'un ovaire, pour faire voir les trois loges et l'attache des ovules. — G. Une capsule (grandeur naturelle) : *a*, *a*, deux des trous operculés moyennant lesquels s'opère la déhiscence. — H. Une graine (grossie) : *a*, Hile; *b*, Raphé; *c*, Chalaze; *d*, Exostome. — I. Coupe longitudinale d'une graine : *a*, Épisperme; *b*, Périsperme; *c*, Embryon; *d*, Chalaze. — J. Embryon isolé : *a*, Radicule; *b*, l'un des cotylédons.

PLANCHE 79.

N° 1. SAUGE ÉCLATANTE. — *Salvia splendens* Ker. (Famille des Labiées.)

A. Ramule florifère (grandeur naturelle). — B. Un pistil avec le disque : *a*. (grandeur naturelle). — C. Corolle, fendue longitudinalement et déployée, pour faire voir les étamines : *a*, *a*, les deux étamines abortives; *b*, *b*, points d'insertion des deux étamines fertiles. — D. Une étamine (grossie), vue antérieurement. — E. Id , vue postérieurement : *a*, Filet; *b*, *b*, Connectif. — F. Les quatre coques du pistil vues latéralement, pour montrer (en *a*) le prolongement du disque. — G. Les mêmes, vues de face : *a*, Sommet du pédoncule ; *b*, Réceptacle; *c*, *c*, *c*, Disque. — H. Coupe horizontale oblique des quatre coques du pistil, pour faire voir leur intérieur, lequel est uniloculaire et rempli par l'ovule ; *a*, *a*, Disque. — I. Un jeune fruit, dont on a enlevé la coque antérieure.

N° 2. *Salvia scabiosæfolia* Lamk.

A. Une des nucules du péricarpe ; *a*, cicatrice par laquelle la nucule adhère au réceptacle. — B. Id., dépouillée de son enveloppe extérieure. — C. La graine, isolée du péricarpe : *a*, Exostome; *b*, Raphé. — D. Coupe horizontale d'une nucule : *a*, *b*, les deux enveloppes péricarpiennes ; *c*, Épisperme ; *d*, *d*, les deux cotylédons. — E. Coupe verticale d'une nucule. — F. Embryon, recouvert de la membrane périspermique. — G. Embryon isolé : *a*, bout de la radicule.

PLANCHE 80.

Balisier a fleurs jaunes. — *Canna lutea* Rosc. (Famille des Cannacées.)

A. Rameau florifère (grandeur naturelle). — B. Étamines et style : *a*, *a*, *a*, les filets stériles pétaloïdes ; *b*, l'étamine fertile : son filet forme inférieurement une gaine qui embrasse le style; *c*, Style; *d*, Stigmate; *e*, *e*, cicatrices de l'attache du périanthe intérieur. — C. Fleur dont on a enlevé les étamines et le style, pour faire voir les deux périanthes insérés au sommet de l'ovaire. — D. Coupe horizontale d'un jeune fruit, pour faire voir les trois loges et l'attache des ovules. — E. Coupe longitudinale d'une fleur dépouillée des périanthes et des étamines stériles : *a*, Ovaire dont une des loges est enlevée; *b*, *b*, fragments des périanthes et des étamines stériles; *c*, l'étamine fertile; *d*, Style ; *e*, le stigmate. — F. Le style et l'étamine fertile, vus postérieurement. — G. Capsule (grandeur naturelle) en déhiscence, couronnée du périanthe extérieur. — H. Une graine (grandeur naturelle) dans sa position naturelle : *a*, Arille laineux, recouvrant le hile, la chalaze et l'exostome. — I. Coupe verticale d'une graine (grossie) : *a*, Enveloppe extérieure coriace; *b*, Enveloppe intérieure membraneuse, formant un repli dans lequel est logée la radicule *d; c*, Périsperme. — J. Graine détachée de l'arille (lequel reste adhérent au péricarpe après la chute de la graine), et retournée de manière à faire voir le hile. — K. Coupe horizontale d'une graine. — L. Embryon isolé (grossi) : *a*, Radicule : on y remarque de petits tubercules qui, plus tard, se développent en radicelles ; *b*, le cotylédon. — M. Id., coupé longitudinalement : *a*, Cotylédon ; *b*, Radicule ; *c*, Plumule.

PLANCHE 81.

Chicorée sauvage. — *Cichorium Intybus* Linn. (Famille des Synanthérées; tribu des Chicoracées.)

A. Rameau florifère (grand. nat.). — B. Feuille radicale. — C. Fleur entière (grossie) : *a*, Ovaire; *b*, Aigrette; *c*, Tube de la corolle. — D. Fleur dépouillée de la partie supérieure de la corolle : *a*, *a*, Filets;

b, *b*, Tube formé par la cohérence des anthères; *c*, *c*, Stigmates. — E. Les cinq étamines avec une portion du tube de la corolle. — F. Fleur dépouillée de presque toute la corolle, pour faire voir le style et les stigmates; l'ovaire est coupé verticalement, pour montrer l'attache de l'ovule. — G. — H. Péricarpe. — I. Coupe verticale du même. — K. Embryon. — L. Coupe verticale d'une calathide dont on a enlevé les fleurs.

PLANCHE 82.

ASTÉROCÉPHALE ÉLÉGANT. — *Asterocephalus caucasicus* Spreng. (Famille des Dipsacées.)

A. Rameau florifère et feuille radicale (grand. nat.). — B. Coupe verticale d'une calathide dont on a enlevé les fleurs radiales. — C. Une fleur du disque (grand. nat.). — D. Corolle d'une fleur du rayon (grand. nat.). — E. Calice extérieur. — F. Calice intérieur. — G. Une étamine, vue antérieurement. — H. Une étamine vue postérieurement. — I. Pistil. — J. Péricarpe recouvert par le calice extérieur. — K. Le même, dépouillé du calice extérieur. — L. Graine. — M. Embryon.

PLANCHE 83.

HUGÉLIA AZURÉ. — *Hugelia cœrulea* Reichenb. (Famille des Ombellifères.)

A. Rameau florifère et fructifère (grand. nat.). — B. Fleur entière. — C. Fleur dépouillée des pétales. — D. Coupe verticale d'une fleur. — E. Une étamine, vue antérieurement. — F. La même, vue postérieurement. — G. Péricarpe. — H. Le même, après la chute de l'une des coques : *a*, Carpophore. — I. Coupe verticale d'un péricarpe. — K. Graine. — L. Coupe verticale de la même. — M. Embryon.

PLANCHE 84.

Nº 1. VERBÉNELLE A FEUILLES DE GERMANDRÉE (sous le nom de VERVEINE ÉCARLATE). — *Verbenella chamædryfolia* Spach. — *Verbena Melindres* Bot. Reg. (Famille des Verbénacées.)

Rameau florifère (grand. nat.).

Nº 2. GLANDULARIA AUBLÉTIA (sous le nom de VERVEINE A BOUQUETS).— *Glandularia Aubletia* Spach. — *Verbena Aubletia* Linn.

A. Fleur entière (grossie) avec sa bractée. — B. Calice. — C. Corolle fendue longitudinalement et déployée. — D. Étamine, vue antérieurement. — E. La même, vue postérieurement. — F. Pistil. — G. Coupe verticale d'une des coques. — H. Péricarpe. — I. Portion inférieure d'un péricarpe coupé horizontalement. — J. Graine. — K. Embryon.

PLANCHE 85.

Nº 1. LAVAUXIA DE NUTTALL. — *Lavauxia Nuttallii* Spach. (Famille des Onagraires.)

A. Capsule, avant la déhiscence (grand. nat.). — B. Section horizontale d'une capsule. — C. Capsule dont on a enlevé une des valves, pour faire voir la disposition des graines. — D. Le placentaire (grossi) avec quelques-unes des graines. — E. Coupe longitudinale d'une graine grossie). — F. Une graine entière. — G. La même, dont on a enlevé le tégument externe. — H. Fragment du tégument externe. — I. Embryon. — K. L'un des cotylédons.

N° 2. BOISDUVALIA DE DOUGLAS. — *Boisduvalia Douglasii* Spach. Famille des Onagraires.)

A. Fleur entière (grand. nat.). — B. Partie inadhérente du calice, fendue longitudinalement et déployée, pour faire voir le disque, l'insertion des étamines et l'un des pétales. — C. Stigmate et style. — D. Moitié inférieure d'un ovaire coupé transversalement. — E. Capsule en déhiscence. — F. Capsule dont on a déjeté deux des valves pour faire voir la disposition des graines. — G. Le placentaire (très-grossi). — H. I. K. Graines, diversement marginées. — L. Coupe transversale d'une graine. — M. Embryon. — N. Le même, dont on a enlevé l'un des cotylédons. — O. L'un des cotylédons, isolé.

PLANCHE 86.

N° 1. PACHYLOPHIS DE NUTTALL. — *Pachylophis Nuttallii* Spach. (Famille des Onagraires.)

A. Fleur (grand. nat.) dont on a enlevé les pétales et fendu la partie supérieure du calice, pour faire voir l'insertion des étamines. — B. Un pétale (grand. nat.) — C. Coupe verticale d'un ovaire avec la portion inférieure du tube calicinal. — D. Partie inferieure d'un ovaire coupé transversalement.

N° 2. GODÉTIA DÉCOMBANT. — *Godetia decumbens* Spach. (Famille des Onagraires.)

A. Partie inadhérente du calice, déployée pour faire voir les étamines et l'un des pétales (gross.). — B. Capsule encore close (grand. nat.). — C. Coupe verticale d'une capsule. — D. Coupe horizontale d'une capsule. — E. Style et stigmate. — F. Graine (très-grossie), vue de face. — G. Id., vue de côté : *a*, Aigrette; *b*, Raphé. — H. Coupe transversale d'une graine. — I. Embryon,

N° 3. ÉNOTHÈRE ODORANTE. — *OEnothera odorata* Jacq. (Famille des Onagraires.)

A. Capsule (un peu grossie) commençant à s'ouvrir. — B. La même dont on a écarté les valves, pour faire voir la disposition des graines. — C. Le placentaire, dont on a enlevé les graines. — D. Une graine (très-grossie) : *a*, Chalaze; *b*, Raphé.

E. Coupe longitudinale d'une graine de l'*Onagra vulgaris* Spach.

PLANCHE 87.

N° 1. NYMPHÉA AZURÉ. — *Nymphæa cœrulea* Vent. (Famille des Nymphéacées.)

A. Fleur (grand. nat.). — B Feuille. — C. Bouton. — D. Une étamine stérile. — E. Étamines stériles des séries intérieures. — F. Une étamine fertile de la série extérieure.

N° 2. NUPHAR JAUNE (1). — *Nuphar lutea* Smith. (Famille des Nymphéacées.)

----

(1) D'après l'analyse de M. de Mirbel.

A. Graine entière (grossie). — B. Coupe longitudinale d'une graine :
a, Périsperme; b, sac embryonnaire. — C. Amande de la graine, enveloppée du tégument intérieur. — D. La même, dépouillée du tégument : a, Périsperme; b, Sac embryonnaire. — E. Périsperme, dont on a enlevé le sac embryonnaire, pour faire voir la cavité (a) daus laquelle était enfoncé le sac embryonnaire. — F. Le sac embryonnaire isolé. — G. Coupe du même, pour faire voir la position de l'embryon. — H. Embryon isolé. — I. Le même dont on a écarté les deux cotylédons pour faire voir la plumule. — J. Coupe longitudinale de l'embryon. — K. La plumule isolée (très-grossie).

PLANCHE 88.

N° 1. ÉRICA ARBORESCENT. — *Erica arborea* Linn. (Famille des Éricacées.)

A Fleur (très-grossie) dépouillée de sa corolle. — B. Une étamine, vue postérieurement, pour faire voir les appendices (a, a) de l'anthère. — C. Pistil : a, Disque : il est muni de côtes saillantes, correspondantes aux coques de l'ovaire.

N° 2. ÉRICA A QUATRE FACES. — *Erica Tetralix* Linn.

A. Rameau florifère (grand. nat.). — B. Une étamine, vue antérieurement. — C. La même, vue postérieurement. — D. Fleur dépouillée du calice, de la corolle et des étamines (à l'exception d'une de celles-ci), pour faire voir le pistil et le disque. — E. Moitié inférieure d'un ovaire coupé transversalement. — F. Capsule (grossie) en déhiscence. — G. Capsule dont on a écarté les valves et le placentaire. — H. Graine (très-grossie) : a, Raphé. — I. Coupe longitudinale d'une graine : a, Périsperme; b, Embryon.

N° 3. ÉRICA A FEUILLES DE POLYTRIC. — *Erica polytrichifolia* Salisb.

A. Fleur entière (grand. nat.). — B. Corolle. — C. Calice avec son pédoncule muni de trois bractées. — D. Pistil et Disque. — E. Une étamine, vue antérieurement.

PLANCHE 89.

N° 1. PRIMULIDE (sous le nom de PRIMEVÈRE) ÉLÉGANTE. — *Primulidium sinense* Spach. (Famille des Primulacées.)

A. Tige florifère (grand. nat.). — B. Feuille radicale. — C. Corolle, vue postérieurement. — D. Corolle fendue et déployée, pour faire voir l'insertion des étamines. — E. Une étamine, vue antérieurement. — F. La même, vue postérieurement. — G. Fleur dépouillée du calice et de la corolle, pour faire voir le disque (a) et le pistil. — H. Coupe verticale d'un ovaire avec une portion du style. — I. Moitié inférieure d'un ovaire coupé transversalement.

N° 2. ANAGALLIS MOURON. — *Anagallis arvensis* Linn. (Famille des Primulacées.)

A. Capsule (pyxide) en déhiscence. — B. Une graine. — C. La même, coupée parallèlement à l'ombilic : a, Périsperme; b, Embryon.

PLANCHE 90.

N° 1. SAPINETTE A FEUILLES D'IF. — *Abies taxifolia* Desfont. (Classe des Conifères, famille des Abiétinées.)

A. Portion d'un ramule avec deux chatons mâles (grand. nat.). — B.
Une étamine, vue antérieurement. — C. La même, vue postérieurement.
— D. Portion supérieure d'une anthère. — E. Portion d'un ramule avec
un chaton femelle. — F. Une fleur femelle, vue antérieurement : *a*, Bractée; *b*, Écaille ovulifère; *c, c*, Ovules.—G. Fleur femelle, vue postérieurement : *a*, Bractée; *b*, Écaille ovulifère aperçue par transparence; *c, c*,
Ovules. — H. Une écaille du cône, vue postérieurement : *a*, Bractée. —
I. Une graine avec son aile. — J. Une graine (dépouillée de l'aile) coupée
longitudinalement : *a*, Périsperme. — K. Embryon.

N° 2. CYPRÈS TOUJOURS-VERT.—*Cupressus sempervirens* Linn. (Classe
des Conifères, famille des Cupressinées.)

A. Chaton mâle (grossi). — C. Une écaille anthérifère, vue postérieurement. — E. La même, vue latéralement. — F. La même, vue antérieurement.— G. Chaton femelle (grossi).—H. Écaille ovulifère.—I. Un ovule
(très-grossi).—J. Coupe verticale d'un cône (grand. nat.).—K. Une graine
grossie). — L. Coupe longitudinale d'une graine : *a*, tégument de l'a-
mande. — M. Coupe longitudinale de l'amande et de son tégument; *a*,
Tégument; *b*, Cotylédons.

PLANCHE 91,

BOULEAU BLANC. — *Betula alba* Linn. (Famille des Bétulacées.)
A. Portion d'un ramule florifère (grand nat.) : *a*, Chatons femelles; *b*,
Chatons mâles. — B. Une écaille du chaton mâle avec ses trois fleurs, vue
en dessus. — C. La même, vue en dessous et renversée. — D. La même,
dont on a enlevé les étamines, vue antérieurement : *a, a, a*, Périanthes
des trois fleurs ; *b, b*, les deux écailles intérieures ou bractéoles. — E.
Une fleur mâle isolée : *a*, Périanthe. — F. Une anthère coupée transversalement. — G. Une écaille du chaton femelle avec ses trois fleurs, vue
antérieurement : *a, a*, les deux squamules intérieures ou bractéoles. —
H. Écaille fructifère. — I. Un carcérule, avant la maturité. — K. Le
même, dans un état plus avancé: on y aperçoit les deux graines à travers la paroi presque transparente du péricarpe. — L. Le même, dont on
a enlevé la paroi, pour faire voir l'attache des deux graines. — M. Coupe
transversale du même. — N. Chaton fructifère (grand. nat.). — O. Le
même, dont on a enlevé une partie des écailles. — P. Une écaille du
chaton fructifère. — Q. Carcérule mûr (grossi) dont on a enlevé la paroi
du péricarpe, ainsi que le tégument de la graine, pour faire voir l'embryon : *a*.

PLANCHE 92.

TULIPE ODORANTE. — *Tulipa suaveolens* Red. (Famille des Liliacées.)
A. Plante entière (grand. nat.). — B. Coupe transversale du bulbe.—
C. Une étamine, vue antérieurement. — D. La même, vue postérieurement. — E. Pistil. — F. Coupe transversale de l'ovaire. — G. Capsule du
Tulipa Oculus-solis (grand. nat.). — H. Une des valves de la capsule,
avec quelques-unes des graines (*a*) dans leur position naturelle. — I. Une
graine (grand. nat.). — K. Coupe longitudinale de la même. — L. Même
coupe, grossie : *a*, Épisperme; *b*, Périsperme ; *c*, Embryon.

PLANCHE 93.

N° 1. Sparganium rameux. — *Sparganium ramosum* Linn. (Famille des Typhacées.)

A. Sommité d'une tige florifère (grand. nat.) : *a*, un capitule de fleurs femelles ; *b*, capitules de fleurs mâles (avant l'épanouissement). — B. Coupe verticale d'un capitule de fleurs mâles. — C. Une étamine, avant la déhiscence. — D. Une étamine en déhiscence. — E. Un capitule de fleurs femelles (grossi). — F. Deux pistils avec les bractées qui les entourent. — G. Un capitule de fruits (grand. nat.). — H. Un fruit isolé (grand. nat). — I. Coupe verticale d'un fruit biloculaire. — J. Coupe verticale d'un fruit uni-loculaire. — K. Un fruit dépouillé de son épicarpe, pour faire voir le noyau. — L. Coupe verticale du même : *a*, Épisperme ; *b*, Périsperme ; *c*, Embryon.

N° 2. Typha a larges feuilles. — *Typha latifolia* Linn. (Famille des Typhacées.)

A. Segment d'une coupe horizontale de l'épi mâle. — B. Une étamine (très-grossie) avec les poils qui accompagnent la base du filet. — C. Section transversale de l'anthère. — D. Un péricarpe (très-grossi) avec son stipe poilu. — E. Le même, entr'ouvert longitudinalement et laissant voir le noyau. — F. Coupe verticale d'un noyau : *a*, Épisperme ; *b*, Périsperme ; *c*, Embryon ; *d*, Endocarpe ; *e*, Hile. — G. L'embryon isolé (très-grossi) : *a*, extrémité radiculaire.

PLANCHE 94.

Acorus aromatique. — *Acorus Calamus* Linn. (Famille des Orontiacées.)

A. Partie supérieure d'une hampe avec le spadice florifère (grand. nat.). — B. Sommité du spadice (grossie). — C. Un sépale avec l'étamine insérée devant sa base, vue latéralement. — D. Fleur entière, vue 'en haut. — E. La même, vue de face. — F. Étamine, vue antérieurement. — G. La même, vue postérieurement. — H. Section transversale de l'ovaire. — I. Pistil entier (grossi). — J. Coupe verticale du pistil. — K. Les ovules (très-grossis) : *a*, Primine ; *b*, partie saillante de la secondine ; *c*, Nucelle, aperçu par transparence. — L. Coupe verticale du fruit de l'*Acorus graminea* Linn. — M. Graine de la même espèce (grossie) : *a*, *a*, Ovules abortifs adhérents au sommet de la graine. — N. Coupe longitudinale de la même graine ; *a*, Épisperme ; *b*, Périsperme ; *c*, Embryon.

PLANCHE 95.

Iris nain. — *Iris pumila* Linn. (Famille des Iridées.)

A. Plante entière (grand. nat.). — B. Coupe verticale d'une fleur dépouillée des pétales extérieurs. — C. Fleur dépouillée du limbe de la corolle : *a*, Stigmates. — D. Une étamine, vue postérieurement. — E. La même, vue antérieurement. — F. Moitié inférieure d'un ovaire coupé transversalement. — G. Un stigmate (grand. nat.). — H. Capsule avant la déhiscence (grand. nat.). — I. Graine (grand. nat.). — J. Coupe longitudinale d'une graine (grossie) ; *a*, Tégument extérieur ; *b*, Tégument intérieur ; *c*, Périsperme ; *d*, Embryon ; *e*, Raphé.

PLANCHE 96.

Narcisse rayonnant. — *Narcissus radiatus* Redouté. (Famille des Amaryllidées, tribu des Narcissées.)

A. Plante entière (grand. nat.). — B. Une corolle, fendue longitudinalement et déployée pour faire voir l'insertion des étamines. — C. Une anthère, vue antérieurement. — D. La même, vue postérieurement. — E. Pistil. — F. Partie inférieure d'un ovaire coupé transversalement.

PLANCHE 97.

Nº 1. Orme champêtre. — *Ulmus campestris* Linn. (Famille des Ulmacées.)

A. Ramule florifère (grand. nat.). — B. Une fleur entière (grossie). — C. Une étamine, vue postérieurement. — D. La même, vue antérieurement. — E. Fleur dont on a fendu et déployé le périanthe, pour faire voir l'insertion des étamines et le pistil. — F. Un pistil dont on a enlevé la paroi de l'une des loges, pour faire voir l'insertion de l'ovule. — G. Plan symétrique de l'estivation du périanthe. — H. Une samare dont on a fendu la paroi de manière à faire voir la graine (grand. nat.). — I. Une graine (grossie) : *a*, Raphé. — J. L'embryon isolé. — K. Fleur (grossie) de l'*Ulmus effusa* Linn.

Nº 2. Myrica Galé. — *Myrica Gale* Linn. (Famille des Myricacées.)

A. Ramule florifère (grand. nat.) de l'individu mâle. — B. Bractée de la fleur mâle (grossie), vue postérieurement. — C. La même avec les étamines, vue latéralement. — D. Une étamine avant l'anthèse, vue antérieurement. — E. La même, après la déhiscence. — F. Ramule florifère (grand. nat.) de l'individu femelle.—G. Un chaton du même (grossi).—H. La bractée de la fleur femelle. — I. Pistil (dont on a retranché une portion de l'un des styles) et périanthe. — J. Un jeune fruit, accompagné du périanthe accru.—K. Péricarpe mûr, adhérent au périanthe.—L. Coupe verticale du même : *a*, Périanthe ; *b*, Péricarpe ; *c*, Épisperme ; *d*, Embryon. — M. L'embryon isolé, dans sa position naturelle.

PLANCHE 98.

Sparmannia du Cap. — *Sparmannia africana* Linn. (Famille des Tiliacées.)

A. Ramule florifère (grand. nat.). — B. Un filet stérile (grossi). — C. Une étamine (grossie), vue postérieurement. — D. La même, vue antérieurement.— E. Pistil (grossi) : *a*, Disque ; *b*, fragments du calice. — F. Section verticale de la fleur, pour faire voir l'insertion des ovules et des étamines : *a*, un des sépales ; *b*, *b*, fragments de pétales. — G. Section transversale de l'ovaire. — H. Une capsule (grand. nat.). — I. Une graine (grossie) : *a*, Chalaze ; *b*, Raphé. — J. Coupe longitudinale d'une graine : *a*, Périsperme ; *b*, l'un des Cotylédons ; *c*, Radicule.

PLANCHE 99.

Phlox a feuilles subulées.— *Phlox subulata* Linn. (Famille des Polémoniacées.)

A. Portion d'une tige florifère (grand. nat.) — B. Fleur dépouillée de la corolle. — C. La même, dont on a enlevé une portion du calice. — D. Corolle fendue longitudinalement, et déployée pour faire voir l'attache des étamines. — E. Une étamine, vue antérieurement. — F. La même, vue postérieurement.— G. Coupe longitudinale d'un pistil. — H. Coupe transversale d'un ovaire.— I. Capsule dont on a enlevé une des valves et les graines correspondantes, pour faire voir le placentaire. — K. Une valve de la capsule, vue antérieurement. — L. Le placentaire. — M. Une graine (grossie), vue antérieurement.— N. La même, coupée longitudinalement. — O. Embryon isolé.

PLANCHE 100.

COCOTIER NUCIFÈRE. — *Cocos nucifera* Linn. (Famille des Palmiers.)
A. Port de l'arbre.— B. Une fleur mâle (grand. nat.).— C. La même, plus ouverte, pour faire voir les six étamines et le rudiment du pistil.— D. Une fleur femelle (grand. nat.), avant l'épanouissement. — E. La même, ouverte.—F. Fruit (très-réduit).—G. Le même, coupé verticalement : *a*, Sarcocarpe brou); *b*, Endocarpe, ou coque osseuse; *c*, Périsperme; *d*, cavité du périsperme, remplie d'un liquide; *e*, Embryon; *f*, Exostome, correspondant à une perforation de l'endocarpe; *g*, autre perforation de l'endocarpe, correspondant (suivant M. Turpin) à un embryon qui avorte constamment.

PLANCHE 101.

GINGEMBRE OFFICINAL. — *Amomum Zingiber* Linn. (Famille des Amomées.)
A. Port de la plante fleurie (grandeur naturelle diminuée).

PLANCHE 102.

BANANIER CULTIVÉ. —*Musa paradisiaca* Linn. (Famille des Musacées.)
A. Port de la plante (grandeur naturelle très-diminuée). — B. Une fleur fertile.— C. La même, dont on a enlevé le périanthe, pour faire voir l'insertion des étamines (stériles) et le style : *a*, portion supérieure de l'ovaire.—D. Coupe transversale de l'ovaire.— E. Fleur mâle (par avortement) : *a*, l'étamine abortive.— F. Un fruit (grand. dimin.).— G. Coupe transversale du même.

PLANCHE 103.

SACCHARUM CANNE A SUCRE. — *Saccharum officinarum* Linn. (Famille des Graminées.)
A. Port de la plante (très-diminué).— B. Portion d'un épillet de la panicule.— C. Fleur entière (grossie).— D. Id., étalée, pour faire voir les étamines et le pistil.

PLANCHE 104.

VALÉRIANE OFFICINALE. — *Valeriana officinalis* Linn. (Famille des Valérianées.)
A. Partie supérieure de la tige avec la panicule de fleurs (grand. nat.). — B. Partie inférieure de la tige.— C. Une fleur (grossie) entière : le

tube de la corolle a été fendu au sommet et déployé, pour faire voir l'insertion des étamines : *a*, limbe calicinal ; *b*, tube calicinal, adhérent à l'ovaire. — D. Fleur dépouillée de la corolle : l'ovaire est coupé longitudinalement, pour faire voir l'insertion de l'ovule : *a*, limbe calicinal.— E. Une étamine, vue antérieurement. — F. Id., vue postérieurement.— G. Un achène couronné par le limbe calicinal, lequel s'est développé en aigrette plumeuse.—H. Coupe longitudinale d'un achène : *a*, épisperme ; *b*, embryon.— I. Graine isolée. — K. Embryon dont on a écarté un peu les cotylédons.

PLANCHE 105.

Asclépias a feuilles linéaires.— *Asclepias linearis* Cavan. (Famille des Asclépiadées.)

A. Portion d'une tige florifère (grand. nat.).— B. Fleur entière (grossie), vue de face.— C. Id., vue en dessous : *a*, sépale ; *b*, pétale ; *c*, staminodes (ou nectaires). — D. Un staminode vu antérieurement. — E. Le même déployé.— F. Section verticale d'une fleur : *a*, fragment de sépale ; *b*, fragment de pétale ; *c*, androphore ; *d*, staminode ; *e*, appendice de l'anthère ; *f*, corps stigmatifère ; *g*, style ; *h*, ovaire. — G. Une anthère vue antérieurement : *a, a*, masses polliniques appartenant aux bourses collatérales de deux anthères voisines.— H. Anthère vue postérieurement.— I. Une paire de masses avec leur caudicule *a*.—J. Un pistil isolé : *a, a*, les deux ovaires ; *b, b*, styles ; *c, c*, corps stigmatifère.—K. Le corps stigmatifère vu en dessus : son pourtour est recouvert par les anthères.— L. Coupe horizontale des deux ovaires.— M. Un follicule (grand. nat.).— N. Id., en déhiscence : *a, a, a*, le placentaire ; *b, b*, graines.— O. Une graine avec son aigrette (grossie).— P. Coupe longitudinale d'une graine dont on a enlevé l'aigrette.— Q. Embryon isolé, dont on a écarté un peu les cotylédons.

PLANCHE 106.

Olivier cultivé.— *Olea europœa* Linn. (Famille des Oléinées.)

A. Ramule florifère (grand. nat.).— B. Fleur entière (grossie).— C. Fleur dépouillée de la corolle : *a*, bractée ; *b*, stigmate ; *c*, ealice.— D. Corolle fendue et déployée, pour faire voir l'insertion des étamines.— E. Une étamine, vue antérieurement.— F. Id., vue postérieurement. — G. Pistil.— H. Ovaire (portion inférieure) coupé horizontalement. — I. Coupe verticale du pistil.— J. Un drupe (grand. nat.).— K. Coupe horizontale du même : *a*, épicarpe ; *b*, sarcocarpe charnu ; *c*, endocarpe osseux, constituant le noyau ; *d*, loge avortée ; *e*, épisperme.—L. Le noyau, dépouillé de la partie charnue du drupe.— M. Graine.— N. Id., dépouillée du tégument extérieur.— O. Coupe longitudinale d'une graine dépouillée du tégument extérieur : *a*, tegmen ou tégument intérieur ; *b*, périsperme ; *c*, embryon.— P. Embryon dont on a écarté un peu les cotylédons.

PLANCHE 107.

Alstréméria panaché.— *Alstrœmeria Pelegrina* Linn. (Famille des Amaryllidées.)

A. Tige florifère (grand. nat.) : *a*, jeune fruit. — B. Fleur dépouillée
du périanthe, pour faire voir l'insertion des étamines : *a*, ovaire. — C.
Le pistil : *a*, ovaire; *b*, style. — D. Coupe transversale de l'ovaire. — E.
Coupe verticale de l'ovaire. — F. Un ovule avec son funicule. — G. Une
capsule, dont on a rabattu une des valves. — H. Portion d'un placentaire
avec une graine : *a*, chalaze; *b*, raphé. — I. Coupe d'une graine : *a*, épisperme; *b*, périsperme; *c*, embryon. — J. Embryon isolé.

PLANCHE 108.

Nº 1. Asperge officinale. — *Asparagus officinalis* Linn. (Famille
des Sarmentacées.)

A. Périanthe d'une fleur mâle (grossie) fendu longitudinalement et
déployé, pour faire voir l'insertion des étamines. — B. Une étamine, vue
antérieurement. — C. Section transversale d'une anthère. — D. Une fleur
femelle (grossie) avec son pédicelle articulé, dans sa position naturelle.
— E. La même, dont on a enlevé la moitié du périanthe, pour faire voir
les étamines (stériles) et le pistil. — F. Une baie (grand. nat.). — G. Id.,
coupée transversalement. — H. Une graine (grossie), vue latéralement.
— I. Id., vue de face : *a*, hile; *b*, raphé; *c*, chalaze. — J. Coupe d'une
graine : *a*, hile; *b*, épisperme; *c*, périsperme; *d*, extrémité radiculaire de
l'embryon. — K. Germination.

Nº 2. — Smilace a feuilles rudes. — *Smilax aspera* Linn. (Famille
des Sarmentacées.)

A. Une fleur mâle (grossie). — B. Une lanière du périanthe de la
même, avec l'étamine qui s'y insère. — C. Une fleur femelle (grossie). —
D. une fleur femelle en bouton (grossie). — E. Le pistil : *a*, étamines
abortives. — F. Section transversale d'un ovaire. — G. Une baie (grand.
nat.). — H. Coupe d'une graine : *a*, hile; *b*, épisperme; *c*, périsperme;
d, embryon.

PLANCHE 109.

Nº 1. — Lobélia brillant. — *Lobelia splendens* Linn. (Famille des
Lobéliacées.)

A. Rameau florifère (grand. nat.) — B. Corolle (dont le tube a été
fendu longitudinalement dans l'interstice des 2 lanières supérieures) déployée. — C. Fleur dépouillée du limbe calicinal et de la corolle, pour
faire voir la gaine formée par la cohésion latérale des 5 étamines. — D.
La gaine des étamines ouverte. — E. L'une des étamines inférieures, vue
antérieurement. — F. Id., vue postérieurement. — G. Bouton dépouillé
du limbe calicinal, de la corolle et des étamines, pour faire voir la confor-
mation du stigmate avant l'anthèse. — H. Coupe longitudinale d'une
fleur dépouillée de la corolle et des étamines : *a*, tube calicinal, adhérant à l'ovaire; *b*, disque. — I. Coupe horizontale de l'ovaire : *a*, loge
avortée.

Nº 2. Isotoma axillaire. — *Isotoma axillaris* Lindl. (Famille des
Lobéliacées.)

A. Capsule (adhérant au calice) en déhiscence. — B. Sommet d'une
capsule encore fermée. — C. Portion inférieure d'une capsule coupée
transversalement. — D. Une graine (très-grossie). — E. Id., coupée longitudinalement : *a*, embryon.

PLANCHE 110.

N° 1. Papyrus des anciens. — *Papyrus antiquorum* Nees. — *Cyperus Papyrus* Linn. (Famille des Cypéracées.)

A. Sommité d'une tige florifère (très-réduite).— B. Portion de la partie inférieure d'une tige, avec des feuilles.—C. Un épillet (grossi). —D. Une fleur, dépouillée de sa bractée.— E. Une étamine (très grossie.).— F. Pistil dont l'ovaire est coupé de manière à montrer l'insertion de l'ovule.— G. Achène du *Cyperus longus* Linn.— H. Graine du même —I. Id., dépouillée du tégument extérieur. — J. Id., coupée longitudinalement.— K. Embryon.

N° 2. Carex jaunatre. — *Carex vulpina* Linn. (Famille des Cypéracées.)

A. Péricarpe, recouvert par le périanthe. — B. Péricarpe (Achène) dépouillé du périanthe : *a*, style. — C. Graine. — D. Id., dépouillée du tégument extérieur. — E. Id., coupée verticalement : *a*, Périsperme ; *b*, embryon.— F. Embryon (très-grossi).

PLANCHE 111.

Vallisnéria spiralé. — *Vallisneria spiralis* Linn. (Famille des Hydrocharidées.)

A. Port de la plante mâle.— B. Id., de la plante femelle. — C. Spathe de fleurs mâles (grand. nat.).— D. Le spadice des mêmes, dépouillé de la spathe. — E. Une fleur mâle, isolée. — F. Une étamine avant l'anthèse, vue antérieurement. — G. Id., vue postérieurement. — H. Id., après l'anthèse. — I. Bouton d'une fleur mâle (très-grossie). — J. Une fleur femelle (grand. nat.). — K. Id., grossie : *a*, spathe ; *b, b, b*, lobes du périanthe ; *c*, sommet d'un stigmate. — L. Partie supérieure d'une fleur femelle dépouillée du périanthe et de deux des écailles pétaloïdes : *a, a, a*, stigmates ; *b*, écaille pétaloïde.— M. Un péricarpe (grand. nat.). — N. Coupe horizontale d'un péricarpe. — O. Portion d'une coupe longitudinale d'un péricarpe. — P. Une graine, très-grossie. — Q. Id., dépouillée du tégument extérieur. — R. Embryon : *a*, gemmule.

PLANCHE 112.

Colchique d'automne. — *Colchicum autumnale* Linn. (Famille des Colchicacées.)

A. Plante florifère. —B. Feuille. — C. Portion supérieure d'un périanthe (grand. nat.), fendu longitudinalement et déployé pour faire voir l'insertion des étamines. — D. Une étamine, vue antérieurement. — E. Id., vue postérieurement. — F. Portion supérieure d'un style. - G. Bulbe, ouvert de manière à faire voir (en *a*) l'ovaire et la partie inférieure des 3 styles. — H. Plan symétrique de l'estivation des lobes du périanthe. — I. Ovaire et partie inférieure des styles. — J. Portion inférieure d'un ovaire coupé transversalement. — K. Capsule en déhiscence (grand. nat.) — L. Une graine. — M. Id., coupée obliquement : *a*, périsperme ; *b*, embryon.

PLANCHE 113.

Luzula poilu. — *Luzula campestris* Desv. (Famille des Joncacées.)
A. Plante entière (grand. nat.). — B. Une fleur (très-grossie). — C.
Plan symétrique de l'estivation de la fleur : *a*, sépales extérieurs ; *b*, sépales intérieurs ; *c*, étamines ; *d*, ovaire. — D. Une étamine, vue antérieurement. — E. Id., vue postérieurement. — F. Pistil. — G. Capsule
(grossie), en partie recouverte par le périanthe accompagné de deux
bractées. — H. Capsule déhiscente. — I. Capsule (dont on a enlevé les
graines) coupée transversalement : *a*, un des placentaires. — K. Une
valve de la capsule, avec la graine qui s'insère à sa base : *a*, funicule ; *b*,
raphé ; *c*, chalaze. — L. Une graine, coupée verticalement : *a*, funicule ;
b, test, ou tégument extérieur ; *c*, tegmen, ou tégument intérieur ; *d*,
périsperme ; *e*, chalaze ; *f*, embryon. — M. Embryon (très-grossi) : *a*,
extrémité radiculaire.

PLANCHE 114.

Nº 1. Strychnos Noix-vomique. — *Strychnos Nux vomica* Linn. (Famille des Apocynées.)
A. Ramule florifère (grand. nat.). — B. Coupe transversale d'un fruit
(grand. nat. dim.). — C. Une graine (grand. nat. dim.).
Nº 2. *Strychnos* (autre espèce).
A. Une fleur (très-grossie). — B. La corolle, fendue et déployée, pour
faire voir l'insertion des étamines, et les squamules aduées à sa base. —
C. Pistil — D. Coupe verticale du même, pour faire voir l'insertion et
la forme de l'ovule. — E. Coupe horizontale de l'ovaire.

PLANCHE 115.

Butomus Jonc-fleuri. — *Butomus umbellatus* Linn. (Famille des Bu-
tomées.)
A. Port de la plante (très-diminuée). — B. Une fleur (peu grossie).
— C. Id., vue postérieurement. — D. Id., dont on a enlevé le périanthe pour faire voir l'insertion des étamines. — E. Une étamine, vue antérieurement. — F. Id., vue postérieurement. — G. Le pistil. — H.
Section transversale des ovaires. — I. Fruit (étairion) (grand. nat.). —
J. Coupe verticale d'un des follicules. — K. Une graine (fortement grossie). — L. Section transversale d'une graine : *a*, tégument extérieur (test) ;
b, tégument intérieur (tegmen) ; *c*, embryon. — M. Coupe verticale
d'une graine : *a*, tégument extérieur ; *b*, tégument intérieur ; *c*, corps co-
tylédonaire ; *d*, plumule.

PLANCHE 116.

Bulbocapnos de Haller (sous le nom de Corydalis a bractées digitées).—*Bulbocapnos Halleri* Spach. —*Corydalis digitata* Pers. (Famille
des Fumariacées).
A. Plante entière (grand. nat.).—B. Le tubercule, coupé transversalement.

PLANCHE 117.

Analyse du *Bulbocapnos Halleri*. (Voyez Pl. 116.)
A. Fleur entière, vue latéralement, avec le pédicelle et la bractée. —

B. Plan symétrique d'une fleur, coupée transversalement à la hauteur
du milieu du stigmate : *a, a,* le pétale supérieur ; *b, b,* le pétale inférieur;
c, c, les deux pétales latéraux ; *d,* anthère médiane de l'androphore supérieur ; *e,* id., de l'androphore inférieur ; *f, f,* anthères latérales de
l'androphore supérieur; *g, g,* id., de l'androphore inférieur; *h,* stigmate.
— **C**. Plan symétrique de la même fleur, coupée peu au-dessus de sa base :
a, éperon du pétale supérieur ; *b,* bosse basilaire du pétale inférieur ; *c,'c,*
ovaire. — **D**. Une fleur, vue en dessous, dont on a enlevé le pétale inférieur et l'androphore correspondant, ainsi que le pistil, pour faire voir
la soudure du pétale supérieur avec l'androphore correspondant et les
deux pétales latéraux : *a,* pédicelle ; *b,* éperon du pétale supérieur; *c,* capuchon de l'un des pétales latéraux, qu'on a écarté du capuchon opposé;
d, androphore. — **E**. Le pétale supérieur fendu longitudinalement, pour
faire voir l'éperon de l'androphore supérieur *b; a,* pédicelle de la fleur ;
c, c, c, anthères. — **F**. Sommet d'un androphore avec les filets et les anthères. — **G**. Pistil, vu latéralement. — **H**. Stigmate très-grossi. — **I**.
Coupe longitudinale de l'ovaire. — **J**. Portion d'un placentaire avec un
ovule, très-grossis. — **K**. L'un des pétales latéraux, vu postérieurement.
— **L**. La silique, avant la déhiscence, peu grossie. — **M**. La même, après
la déhiscence : les deux valvules sont encore fixées au stigmate; *a, a,*
placentaires. — **N**. Une graine, grossie : *a,* caroncule. — **O**. Coupe verticale d'une graine : le périsperme constitue tout le corps de l'amande;
l'embryon est imperceptible. — **P**. Plantule âgée de quelques mois.

PLANCHE 118.

VANILLE AROMATIQUE. — *Vanilla aromatica* Swartz. — *Epidendrum
Vanilla* Linn. (Famille des Orchidées.)

A. Portion d'un sarment florifère ($^3/_4$ de grandeur naturelle). — **B**.
Fruits.

PLANCHE 119.

N° **1**. T**RIADÉNIA A PETITES FEUILLES**. — *Triadenia microphylla* Spach.
(Famille des Hypéricacées.)

A. Partie supérieure d'un ramule florifère (grand. nat.). — **B**. Fleur
dont on a enlevé les pétales. — **C**. Calice avec le pédicelle et ses deux
bractées. — **D**. Un pétale, vu antérieurement : *a,* la squamule. — **E**.
Fleur dépouillée du calice et de la corolle : *a, a,* glandes hypogynes, al-
ternes avec les androphores. — **F**. Une étamine, vue antérieurement. —
G. Id., vue postérieurement. — **H**. Le pistil : *a, a,* glandes hypogynes.
— **I**. Moitié inférieure d'un ovaire coupé transversalement. — **J**. Un calice fructifère, avec la corolle desséchée.

N° **2**. *Triadenia Webbii* Spach.

A. Une capsule, accompagnée du calice. — **B**. Id., dépouillée du calice. — **C**. Une des trois coques de la capsule, après la déhiscence. — **D**.
Les trois placentaires, après la chute des coques. — **E**. Une graine (très-
grossie). — **F**. Embryon.

PLANCHE 120.

P**SYCHANTHE A FEUILLES DE** M**YRTE**. — *Psychanthus myrtifolius* Spach.
—*Polygala myrtifolia* Linn. (Famille des Polygalacées.)

A. Ramule florifère (grand. nat.). — B. Coupe longitudinale d'une fleur : *a*, moitié du sépale supérieur; *b*, l'un des sépales latéraux intérieurs; *c*, fragment de l'un des sépales inférieurs; *d*, *d*, gaîne résultant de la soudure des pétales et de l'androphore; *e*, stipe de l'ovaire; *f*, l'un des pétales supérieurs; *g*, carène dorsale du pétale inférieur, prolongée en crête à son sommet; *h*, style. — C. Fleur dont on a enlevé l'un des sépales latéraux, ainsi que la corolle avec l'androphore, pour faire voir la forme et la situation du pistil. — D. Androphore (dont on a détaché le pétale supérieur) déployé, vu antérieurement : *a*, *a*, les deux pétales supérieurs. — E. Le même, vu postérieurement : la partie supérieure de la gaîne est coupée en *a*; *b*, *b*, les deux pétales supérieurs; *c*, *c*, les deux pétales latéraux ; *d*, base du pétale inférieur : la partie supérieure de ce pétale a été coupée en *e*, où il cesse d'adhérer à l'androphore. — F. Une des étamines, pour faire voir sa déhiscence apicilaire. — G. Une graine (grossie), vue postérieurement : *a*, caroncule. — H. La même, vue antérieurement : *a*, caroncule; *b*, raphé. — I. Coupe longitudinale d'une graine : *a*, caroncule ; *b*, tégument; *c*, périsperme; *d*, l'un des cotylédons; *e*, radicule. — J. Coupe transversale d'une graine. — K. Section transversale d'un ovaire.

L. Capsule du *Polygala vulgaris*, avant la déhiscence. — M. La même, ouverte d'un côté.

PLANCHE 121.

Mnémione élégante. — *Mnemion elegans* Spach. (Famille des Violariées.)

A. Rameau florifère (grand. nat.). — B. Fleur dépouillée d'une partie des sépales et des pétales, pour faire voir les étamines et le style : *a*, *a*, partie inférieure des 2 pétales supérieurs; *b*, *b*, bord des 2 sépales latéraux ; *c*, *c*, appendices basilaires des 2 sépales inférieurs : la partie supérieure de ces sépales a été coupée en *d*; *e*, *e*, appendices basilaires des anthères des 2 étamines inférieures; *f*, fossette du stigmate. — C. Une des trois étamines supérieures, vue antérieurement, avant l'anthèse. — D. Id., en déhiscence. — E. Id., vue postérieurement. — F. Coupe verticale d'une fleur dans sa position naturelle : *a*, *a*, les 2 sépales latéraux; *b*, appendice basilaire de l'un de ces sépales; *c*, l'un des sépales inférieurs; *c*, *c*, appendice basilaire de ce même sépale; *d*, partie inférieure de l'un des 2 pétales supérieurs; *e*, partie inférieure de l'un des 2 pétales latéraux ; *f*, moitié de la partie inférieure du pétale inférieur: *f*, *f*, éperon de ce pétale; *g*, appendice basilaire de l'une des 2 anthères inférieures; *h*, anthère de la même étamine; *i*, stigmate. — G. Coupe transversale d'un ovaire, et plan symétrique des sépales relativement aux placentaires : *a*, éperon du pétale inférieur. — H. Une capsule accompagnée du calice (grand. nat.). — I. Id., coupée transversalement. — J. Id., en déhiscence.— K. Une graine, grossie : *a*, chalaze ; *b*, raphé; *c*, caroncule. — L. Coupe longitudinale d'une graine : *a*, périsperme ; *b*, embryon.

PLANCHE 122.

Gomphréna officinal. — *Gomphrena officinalis* Martius. (Famille des Amarantacées.)

A. Rameau florifère (grand. nat.). — B. Une fleur (grossie) accompagnée de ses bractées. — C. Id., dépouillée des bractées : a, calice; b, androphore. — D. Pistil, avec une portion de l'androphore vu antérieurement : a, a, anthères. — E. Coupe verticale d'un ovaire.— F. Coupe d'une graine : a, périsperme; l'embryon en occupe la circonférence. — G. Embryon, isolé.

PLANCHE 123.

Nº 1. OPHRYS ARAIGNÉE. — *Ophrys aranifera* Linn. (Famille des Orchidées.)

A. Plante florifère entière (grand. nat.). — B. Section longitudinale d'une fleur : a, gynostème; b, l'une des bourses de l'anthère, après la déhiscence; c, masse pollinique de la même bourse, tenant encore au caudicule; d, labelle. — C. Une masse pollinique, isolée : a, caudicule; b, glandule basilaire. — D. Gynostème, vu antérieurement : a, surface stigmatique; b, rostelle; c, c, les 2 bourses pollinifères, s'ouvrant chacune par une fente médiane. — E. Le même, vu postérieurement : a, a, bourses pollinifères. — F. Coupe transversale d'un ovaire. — G. Une graine, considérablement grossie : a, tégument externe, lâche et membraneux; b, l'amande, vue par transparence.

Nº 2. OPHRYS FAUSSE-ARAIGNÉE.— *Ophrys Arachnites* Linn.

A. Une fleur, vue antérieurement (grand. nat.).— B. Capsule, avant la parfaite maturité.— C. Section longitudinale d'une capsule.

PLANCHE 124.

Nº 1. BERBÉRIS ARISTÉ. — *Berberis aristata* De Cand. (Famille des Berbéridées.)

A. Portion d'un rameau florifère (grand. nat.). — B. Un sépale de la série externe. — C. Un sépale de la 2ᵉ série. — D. Un sépale de la 3ᵉ série. — E. Un sépale de la série interne. — F. Un pétale : a, a, glandules. — G. Une étamine, avant la déhiscence, vue antérieurement. — H. Id., vue postérieurement. — I. Fleur dépouillée des sépales et des pétales, après la déhiscence des anthères : a, stigmate. — J. Coupe verticale d'un pistil. — K. Placentaire entier.

Nº 2. BERBÉRIS COMMUN OU VINETTIER. — *Berberis vulgaris* Linn.

A. Une baie (grand. nat.). — B. Coupe transversale d'une baie. — C. Une graine (grossie) : a, hile; b, raphé; c, chalaze. — D. Coupe longitudinale d'une graine : a, tégument externe; b, tégument externe; c, périsperme; d, cotylédons; e, radicule.

PLANCHE 125.

POIVRE NOIR — *Piper nigrum* Linn. (Famille des Pipéracées.)

A. Portion d'un sarment florifère (grand. nat.). — B. Id., (réduit). — C. Portion d'un chaton mâle (grossi). — D. Une écaille du même chaton, vue en dessous. — E. Anthère. — F. Pistil abortif. — G. Une fleur femelle. — H. Portion d'un épi fructifère (grand. nat.). — I. Coupe verticale d'un fruit : a, péricarpe; b, périsperme; c, poche embryonnaire.— J. Coupe verticale d'une graine : a, périsperme; b, poche embryonnaire; c, embryon. — K. Embryon, isolé.

PLANCHE 126.

Cannellier Sintoc.—*Cinnamomum Sintoc* Blume. (Famille des Laurinées.)

A. Rameau florifère (grand. nat.). — B. Plan symétrique de la fleur. — C. Calice. — D. Un sépale, avec l'étamine correspondante. — E. Une étamine de la série externe, avant la déhiscence, vue antérieurement.— F. Anthère de la même, en déhiscence.— G. Une étamine de la série interne.— H. Coupe verticale d'une fleur.— I. Péricarpe, accompagné d'un renflement cupuliforme du calice.

PLANCHE 127.

Riz cultivé. — *Oryza sativa* Linn. (Famille des Graminées.)

A. Partie supérieure d'un chaume portant une panicule fructifère (grand. nat.). — B. Une fleur (très-grossie). — C. Pistil et étamines. — D. Une des squamules hypogynes. — E. Un fruit recouvert par les glumelles. — F. Coupe transversale du même. — G (à gauche). Id., dépouillé de ses glumes et glumelles : *a*, embryon. — E (sous la figure G à droite). Embryon isolé, vu de face : *a*, cotylédon (*scutelle* de Gærtner; *hypoblaste* de Richard); *b*, épiblaste; *c*, coléoptile (*cotylédon* de C. L. Richard). — F au-dessous de la figure G à droite). Coupe verticale d'un fruit : *a*, tégument formé par la soudure de l'ovaire et des téguments ovulaires ; *b*, périsperme; *c*, cotylédon; *d*, épiblaste; *e*, extrémité radiculaire. — G (à droite). Section transversale du périsperme et de l'embryon, passant par la plumule.

PLANCHE 128.

N° 1. Mays cultivé. — *Zea Mays* Linn. (Famille des Graminées.)

A. Un fruit (grand. nat.). — B. Id. (grossi), dépouillé d'une partie du tégument, pour faire voir l'embryon à nu; *a*, cotylédon; *b*, plumule (en partie recouverte par les bords du cotylédon); *c*, radicule (également presque recouverte par le cotylédon). — C. Coupe transversale du fruit: *a*, tégument formé par la soudure de l'ovaire et des téguments ovulaires; *b*, périsperme; *c*, cotylédon; *d*, fossette dans laquelle est nichée la plumule.—D. Embryon dépouillé du cotylédon, et vu postérieurement : *a*, plumule; *b*, radicule. — E. Coupe verticale d'un fruit, faite en direction opposée de l'axe de l'épi : *a*, tégument ; *b*, périsperme; *c, c*, cotylédon; *d*, radicule; *e*, plumule. — F. Autre coupe verticale du fruit, faite parallèlement à l'axe de l'épi : *a*, cotylédon ; *b*, radicule; *c*, radicelle interne ; *d*, coléoptile (foliole externe de la plumule; le cotylédon de Gærtner et de C. L. Richard) — G. Embryon vu postérieurement : *a*, cotylédon ; *b*, radicule.

N° 2. Blé monocoque. —.*Triticum monococcum* Linn. (Famille des Graminées.)

A. Un fruit (grossi), vu antérieurement : *a*, embryon paraissant à travers le tégument. — B. Un fruit, vu postérieurement. — C. Embryon (très-grossi) complet, vu antérieurement : *a, a*, cotylédon; *b*, coléoptile (foliole externe) de la plumule; *c*, épiblaste; *d*, extrémité de la radicule. — D. Coupe verticale d'un embryon dépouillé du cotylédon : *a*, co-

léoptile; *b*, radicule; *c*, radicelles internes. — E. Cotylédon, vu postérieurement : *a*, extrémité de la radicule.

Nº 3. Orge commune. — *Hordeum vulgare* Linn. (Famille des Graminées.)

A. Fruit (grossi) vu antérieurement : *a*, embryon paraissant à travers
le tégument. — B. Id., vu postérieurement : *a*, extrémité radiculaire. —
C. Coupe transversale d'un fruit, au-dessus de l'embryon : *a*, tégument
(formé par la soudure de l'ovaire et des téguments ovulaires); *b*, périsperme. — D. Embryon (très-grossi), isolé : *a*, cotylédon; *b*, coléoptile
de la plumule; *c*, radicule. — E. Coupe verticale de l'embryon; *a*, cotylédon; *b*, coléoptile; *c*, radicule; *d*, radicelles internes. — F. Cotylédon,
vu postérieurement : *a*, extrémité radiculaire. — G. Les radicelles internes
avec une partie de la plumule.

Nº 4. Graine de l'Avoine d'Orient (*Avena orientalis* Linn., famille des
Graminées), dépouillée du tégument (grossie) : *a*, périsperme; *b*, cotylédon; *c*, coléoptile; *d*, épiblaste; *e*, radicule.

PLANCHE 129.

Réséda odorant. — *Reseda odorata* Linn. (Famille des Résédacées.)

A. Rameau florifère et fructifère (grand. nat.). — B. L'un des 2 pétales
supérieurs, vu antérieurement. — C. Id., vu postérieurement. — D. L'un
des 2 pétales latéraux. — E. L'un des 2 pétales inférieurs. — F. Une fleur
dépouillée des étamines et des pétales : *a, a*, disque; *b*, ovaire; *c*, papilles
stigmatiques; *d, d*, cicatrices d'insertion des 2 pétales inférieurs. —
G. Une fleur dépouillée du pistil, des étamines et des pétales : *a*, prolongement squamiforme du disque; *b*, stipe de l'ovaire; *c*, partie staminifère
du disque. — H. Section verticale d'une fleur : *a, a*, fragments de sépales;
b, l'un des pétales supérieurs; *c*, prolongement squamiforme du disque; *e*, une étamine vue antérieurement; *f*, id., vue postérieurement;
g, stipe de l'ovaire; *h*, style; *i*, papilles stigmatiques. — I. Coupe transversale de l'ovaire. — K. Une graine (très-grossie) : *a*, caroncule. —
L. Coupe longitudinale d'une graine : *a*, tégument; *b, b*, périsperme;
c, radicule; *d*, cotylédons. — M. Embryon, isolé.

PLANCHE 130.

Jaquier Arbre a pain. — *Artocarpus incisa* Linn. (Famille des Artocarpées.)

A. Rameau florifère réduit au quart de la grandeur naturelle : *a*, capitule florifère femelle; *b*, épi mâle; *c*, syncarpe jeune. — B. Section
transversale d'un épi mâle. — C. Une fleur mâle, isolée. — D. Portion
d'un capitule de fleurs femelles, coupé de manière à faire voir la soudure des périanthes, et l'insertion des ovaires. — E. Un pistil, isolé. —
F. Coupe verticale d'un ovaire. — G. Coupe transversale d'un ovaire. —
H. Un fruit, accompagné de la partie inférieure du périanthe. — I. Id., dépouillé du périanthe. — J. Coupe verticale d'une graine.

PLANCHE 131.

Rafflésia d'Arnold. — *Rafflesia Arnoldi* Blume. (Famille des Rhi-
zanthées.)

A. Fleur épanouie, réduite dans la proportion de pouce par pied. — **B.** Bouton recouvert par les bractées, réduit aux mêmes proportions. — **C.** Section verticale d'un bouton dépouillé de ses bractées, montrant les principaux vaisseaux de la colonne et du périanthe, et la structure de la racine; on y remarque de même le changement de direction des vaisseaux, et leur connexion avec la plante sur laquelle le *Rafflesia* vit en parasite. — **D.** Bouton dépouillé des bractées et du périanthe, pour montrer la colonne et les 2 bourrelets annulaires de sa base. — **E.** Une anthère. — **F.** Id., coupée transversalement. — **G.** Id., coupée verticalement, pour faire voir les anfractuosités de son intérieur. — **H.** Grains de pollen. — **I.** Portion du tissu utriculaire de l'anthère. — **J.** Tissu utriculaire de la colonne, accompagné de vaisseaux ponctués.

PLANCHE 132.

N° 1. IF COMMUN. — *Taxus baccata* Linn. (Famille des Taxinées.)

A. Ramule florifère (grand. nat.). — **B.** Ramule f. uctifère (grand. nat.). — **C.** Un chaton de fleurs mâles. — **D.** Une anthère, vue en dessus. — **E.** Id., vue de profil. — **F.** Grains de pollen. — **G.** Une fleur femelle, avec les écailles qui l'accompagnent. — **H.** Jeune fruit. — **I.** Fruit parfait, recouvert par les écailles soudées en cupule charnue. — **J.** Coupe verticale d'une cupule, pour faire voir le péricarpe. — **K.** Coupe verticale d'un péricarpe : *a,* périsperme; *b,* embryon.

N° 2. GNÉTUM GNÉMON. — *Gnetum Gnemon* Linn. (Genre voisin des Taxinées.)

A. Fleur mâle. — **B.** Péricarpe. — **C.** Coupe verticale du même : *a,* périsperme ; *b,* embryon.

PLANCHE 133.

CHANVRE CULTIVÉ. — *Cannabis sativa* Linn. (Famille des Urticées.)

A. Portion de rameau florifère d'un individu mâle (grand. nat.). — **B.** Portion de rameau florifère d'un individu femelle (grand. nat.). — **C.** Une fleur mâle (grossie), avant l'épanouissement. — **D.** Id., épanouie. — **E.** Grains de pollen, vus au microscope. — **F.** Coupe transversale d'une anthère. — **G.** Un pistil. — **H.** Une fleur femelle, accompagnée de sa bractée. — **I.** L'écaille constituant le périanthe, dans son état naturel. — **J.** La même, déployée. — **K.** Coupe verticale d'un ovaire. — **L.** Un péricarpe — **M.** Id., coupé longitudinalement. — **N.** Id., coupé transversalement.

PLANCHE 134.

CASUARINA DES MARAIS. — *Casuarina paludosa* Cunningh. (Famille des Casuarinées.)

A. Rameau fructifère (grand. nat.). — **B.** Coupe transversale d'un ramule. — **C.** Id., très-grossie. — **D.** Épi mâle (grossi). — **E.** Une étamine accompagnée de son périanthe formé par des squamules cohérentes en coiffe. — **F.** Anthère. — **G.** Section transversale d'une anthère. — **H.** Épi femelle, peu grossi. — **I.** Pistil. — **J.** Coupe transversale d'un épi femelle : *a,* une écaille; *b,* un ovaire. — **K.** Portion de la même coupe, plus fortement grossie; *a,* ovaire ; *b,* style. — **L.** Un fruit : *a,* aile. — **M.** Coupe d'un fruit : on en voit les cellules fibreuses, déroulées par la macération. — **N.** Graine. — **O.** Embryon.

PLANCHE 135.

Plaqueminier Faux-Ébénier. — *Diospyros Ebenaster* Spreng. (Famille des Ébénacées.)
A. Rameau florifère (grand. nat.).— B. Corolle d'une fleur femelle, avec les étamines stériles. — C. Une des étamines stériles, plus grossie. — D. Ovaire et stigmate.— E. Coupe verticale d'une fleur : a, calice: b, b, ovules. — F. Coupe transversale d'un ovaire.— G. Graine. — H. Coupe longitudinale d'une graine : a, embryon ; b, chalaze.

PLANCHE 136.

Styrax officinal.— *Styrax officinale* Linn. (Famille des Styracées.)
A. Rameau florifère (grand. nat.).— B. Bouton. — C. Plan de l'estivation de la corolle.—D. Coupe verticale d'une fleur.—E. Coupe transversale d'une anthère.— F. Grains de pollen. — G. Corolle avec les étamines, fendue longitudinalement et déployée. — H. Style et stigmate. — I. Section transversale d'un ovaire. — J. Fruit (grand. nat.).— K Coupe transversale d'un fruit.— L. Une graine (grand. nat.).— M. Id., coupée transversalement : a, périsperme ; b, embryon.—N. Embryon.

PLANCHE 157.

Sapotillier des Antilles.— *Achras Sapota* Linn. (Famille des Sapotacées.)
A. Ramule florifère (grand. nat.) — B. Une fleur, grossie.— C. Une anthère, vue antérieurement. — D. Corolle, fendue longitudinalement, et déployée, pour faire voir l'insertion des étamines.— E. Un ovule dans sa position naturelle, très-grossi.— F. Style et stigmate. — G. Coupe transversale d'un ovaire.— H. Coupe verticale d'un ovaire.— I. Coupe transversale d'un fruit.— J. Une graine : a, raphé. — K. Coupe longitudinale d'une graine.— L. Coupe transversale d'une graine : a, cotylédons ; b, périsperme.

PLANCHE 158.

Plantain intermédiaire. — *Plantago media* Linn. (Famille des Plantaginées.)
A. La plante entière (grand. nat.).—B. Plan symétrique de la fleur. — C. Une fleur (grossie).— D. Pistil.— E. Capsule (pyxide) en déhiscence. — F. Coupe transversale d'une capsule.— G. Une graine : a, hile.— H. Coupe transversale d'une graine : a, périsperme ; b, cotylédons.—I. Coupe longitudinale d'une graine.— J. Embryon, isolé.

PLANCHE 159.

Kalmia a larges feuilles. — *Kalmia latifolia* Linn. (Famille des Éricacées.)
A. Ramule florifère (grand. nat.). — B. Calice (vu en dessous). — C. Corolle fendue longitudinalement et déployée (vue antérieurement).—D. Id., vue postérieurement. — E. Une étamine, vue antérieurement.— F. Id., vue postérieurement.—G. Coupe verticale d'une fleur.—H. Coupe transversale d'un ovaire.

PLANCHE 140.

Écholzia de Californie.—*Eschholtzia californica* Chamiss. (Famille des Papavéracées.)

A. Rameau florifère (grand. nat.). — B. Une capsule (grand. nat.), avant la déhiscence. — C. Un calice, tel qu'il se détache spontanément avant l'épanouissement de la fleur (grand. nat.).—D. Un pétale avec les étamines qui s'insèrent à sa base. — E. Fleur dépouillée des pétales et des étamines ; *a*, rebord réceptaculaire ; *b*, disque. — F. Coupe verticale d'un bouton : *a*, calice ; *b*, rebord réceptaculaire.—G. Une étamine (grossie), vue antérieurement. — H. Id., vue postérieurement. — I. Coupe transversale d'un ovaire.—J. Une capsule, déhiscente ; *a*, *a*, placentaires, sur lesquels il ne subsiste plus des graines que les funicules. — K. Une graine (très-grossie) : *a*, raphé. —L. Id., coupée : *a*, périsperme ; *b*, embryon.

PLANCHE 141.

Némophila élégant. — *Nemophila insignis* Benth. (Famille des Hydrophyllées.)

A. Corolle (grossie) avec les étamines, fendue longitudinalement et ouverte. —B. Étamine (plus grossie que dans la figure A), vue antérieurement. — C. La même, vue postérieurement. — D. Pistil (grossi) avec la base du calice. — E. Section transversale de l'ovaire (grossie). — F. Capsule (légèrement grossie) accompagnée du calice. — G. Capsule déhiscente. — H. Graine, grossie. — I. Section longitudinale d'une graine. — K. Embryon (grossi) dans sa position naturelle.

PLANCHE 142.

Mimulus rose. — *Mimulus roseus* Lindl. (Famille des Scrophularinées.)

A. Fleur entière (grandeur naturelle), dépouillée de la corolle. — B. Corolle (légèrement grossie), fendue longitudinalement (dans le milieu du lobe impair) et ouverte. — C. Étamine (grossie) vue antérieurement. — D. La même, vue postérieurement. — E. Pistil (grandeur naturelle). — F. Section transversale de l'ovaire (grossie). — G. Capsule (légèrement grossie) déhiscente. — H. Graine fortement grossie.

PLANCHE 143.

Muscadier officinal. — *Myristica officinalis* Linn. (1). (Famille des Myristicées.)

Ramule florifère, de grandeur naturelle.

A. Fleur-mâle (grossie) dont une partie du périanthe a été enlevée par une coupe longitudinale, pour montrer les étamines. — B. Anthère isolée, plus grossie que dans la figure A. — C. Fleur-femelle (grossie) dont une partie du périanthe a été retranchée par une coupe longitudinale, pour montrer le pistil. — D. Capsule (grandeur naturelle) déhis-

---

(1) D'après les figures publiées par M. Hooker, dans le *Botanical Magazine*.

cente, avec la graine. — E. Arille (grandeur naturelle). — F. Graine (grandeur naturelle) dépouillée de l'arille. — G. Section longitudinale de la graine. — H. Embryon, grossi.

PLANCHE 144.

NÉPENTHE GRÊLE. — *Nepenthes gracilis* Korth. (Famille des Népenthées.)

A. Plante femelle. — B. Grappe mâle.

PLANCHE 145.

GENTIANE A FEUILLES CROISÉES. — *Gentiana Cruciata* Linn. (Famille des Gentianées.)

Partie supérieure d'une tige florifère, de grandeur naturelle.

A. Calice grossi. — B. Corolle (fendue longitudinalement et ouverte), avec les étamines et le pistil, grossis dans la même proportion que la figure A. — C. Étamine, plus grossie, vue antérieurement. — D. La même vue postérieurement. — E Section transversale de l'ovaire.— F. Capsule (grossie) déhiscente. — G. Graine, grossie. — H. Section longitudinale d'une graine — I. Embryon.

PLANCHE 146.

NYCTAGE BELLE DE NUIT. — *Mirabilis Jalapa* Linn. (Famille des Nyctaginées.)

Rameau-florifère, de grandeur naturelle.

A. Section longitudinale d'une fleur : *a*, involucre; *b*, périanthe; *c*, disque; *d*, *d*, filets d'étamines; *e*, pistil; *f*, ovule. — B. Étamines, disque et pistil. — C. Périanthe-fructifère, de grandeur naturelle. — D. Fruit (grandeur naturelle) dépouillé du périanthe. — E. Section transversale d'un périanthe-fructifère : *a*, péricarpe : *b*, *b*, *b*, périsperme. — F. Section longitudinale d'un périanthe-fructifère accompagné de l'involucre. — G. Embryon, dont on a enlevé l'un des cotylédons (H) et déployé le cotylédon subsistant.

PLANCHE 147 (1).

CARYOCAR NUCIFÈRE. — *Caryocar nuciferum* Linn. (Famille des Rhizobolées.)

A. Foliole. — B. Fleur entière, réduite environ de moitié. — C. Fleur dépouillée de la corolle et des étamines. — D. Portion de l'androphore avec un faisceau d'étamines. — E. Étamine, de grandeur naturelle, vue antérieurement. — F. Section transversale d'un fruit, réduit. — G. Section longitudinale d'un noyau. — H. Embryon.

PLANCHE 148 (2).

ANTIAR VÉNÉNEUX. — *Antiaris toxicaria* Lesch. (Famille des Artocarpées.)

---

(1) D'après les figures publiées par M. Hooker, dans le *Botanical Magazine*.

(2) D'après la figure publiée par M. Bennet, dans les *Plantæ Javanicæ* de Horsfield.

Rameau-florifère, de grandeur naturelle.
A. Fleur-mâle. — B. Fleur-femelle. — C. Fruit. — D. Graine. — E. Embryon.

PLANCHE 149.

PLOMBAGIDE AURICULÉE. — *Plumbagidium auriculatum* Spach. (Famille des Plombaginées.)
Rameau-florifère, de grandeur naturelle.
A. Calice (fendu longitudinalement et ouvert), vu à la surface externe. — B. Portion de la corolle.— C. Deux des étamines, vues antérieurement. — D. Étamine vue postérieurement. — E. Pistil. — F. Sommet du style avec les stigmates. — G. Section longitudinale de l'ovaire et du disque. — H. Section transversale de l'ovaire et du disque. — I. Section longitudinale du fruit du *Plumbago europœa*.

PLANCHE 150.

HYPOXIS VELU. — *Hypoxis villosa* Linn. (Famille des Hypoxidées.)
Plante-florifère entière, de grandeur naturelle.
A. Étamine fertile, vue antérieurement. — B. La même, vue postérieurement. — C. Étamine stérile. — D. Fleur dépouillée du limbe du périanthe et des étamines. — E. Section transversale de l'ovaire. — F. La même, dont on a enlevé les ovules. — G. Fruit commençant à s'ouvrir. — H. Fruit entièrement ouvert, dépouillé du limbe du périanthe. — I. Placentaire. — K. Graine, fortement grossie. — L. Section verticale d'une graine. — M. Embryon.

PLANCHE 151.

AGÉRATE A FLEURS BLEUES. — *Ageratum cœruleum* Desfont. (Famille des Synanthérées; tribu des Eupatoriées.)
Rameau-florifère, de grandeur naturelle.
A. Fleur entière, fortement grossie.—B. Corolle (fendue longitudinalement et ouverte) et étamines.—C. Calathide dépouillée des fleurs, pour montrer le réceptacle et les folioles de l'involucre. — D. Sommet du style avec les stigmates. — E. Fruit couronné de son aigrette. — F. Embryon.

PLANCHE 152.

PEUPLIER TREMBLE. — *Populus tremula* Linn. (Famille des Salicinées.)
A. Ramule-florifère mâle. — B. Ramule-florifère femelle. — C. Fleur-mâle, grossie. — D. Étamine, après la déhiscence de l'anthère. — E. Fleur-femelle, grossie. — F. Capsule déhiscente, grossie. — G. Valve de la capsule, avec le placentaire: *a*. — H. Graine avec son aigrette, grossies. — I. Embryon.

FIN DE L'EXPLICATION DES PLANCHES.

TABLE ALPHABÉTIQUE

DES ESPÈCES

FIGURÉES DANS LES QUINZE LIVRAISONS DE PLANCHES

DE

L'HISTOIRE DES PHANÉROGAMES.

(1) Sous le nom de *Millepertuis fétide*.

---

(1) Sous le nom de *Corydalis à bractées digitées.*

---

(1) Sous le nom de *Groseillier à fleurs jaunes.*

---

(1) Sous le nom de Groseillier à fleurs pourpres.

(1) Sous le nom de *Verveine à bouquets*.

---

(1) Par erreur. Voyez *Androsème pyramidal.*

Planches.

---

(1) Sous le nom de *Primevère élégante.*

Planches.

(1) Par erreur sous le nom de *Técoma de Chine.*

(1) Sous le nom de *l'erveine écarlate.*

FIN DE LA TABLE ALPHABÉTIQUE DES ESPÈCES.

TABLE ALPHABÉTIQUE

DES FAMILLES

AUXQUELLES SE RAPPORTENT LES PLANTES FIGURÉES DANS LES QUINZE LIVRAISONS
DE PLANCHES

DES PHANÉROGAMES.

(1) Sous le nom de Renonculacées.

FIN DE LA TABLE ALPHABÉTIQUE DES FAMILLES.

Paris, Imp. Schneider et Langrand, rue d'Erfurth, 1.

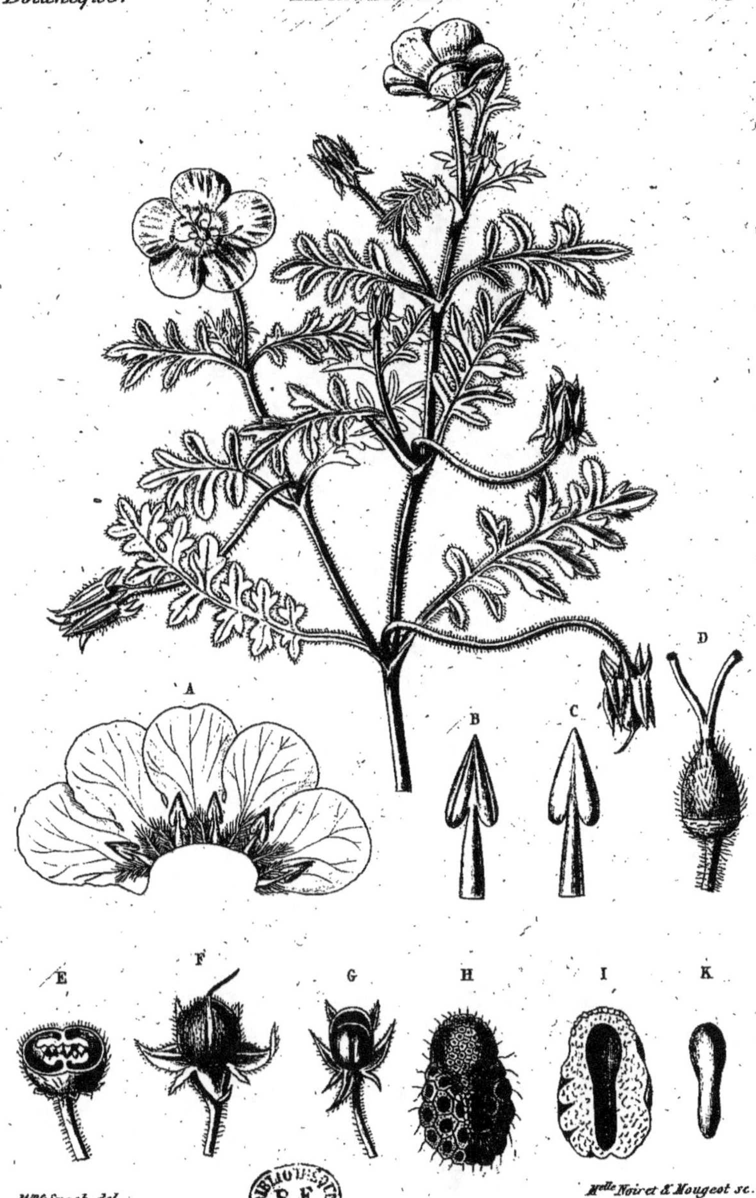

M.me *Spach del.*

M.elle *Noiret & Mougeot sc.*

Némophila élégant.

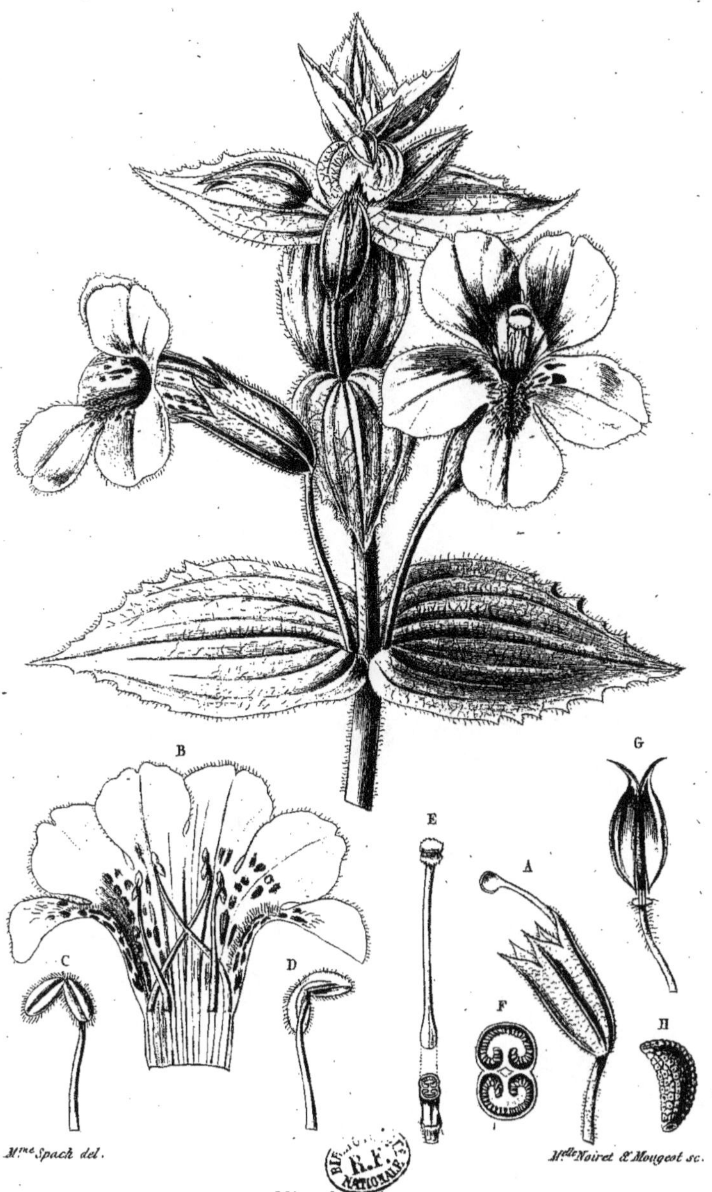

Mimulus rose.

Mme Spach del.

Mlle Noiret & Mougeot sc.

Muscadier officinal.

Népenthe grèle.

M.ᵐᵉ Spach del. M.ˡˡᵉ Noiret & Mougeot sc.

Gentiane à feuilles croisées.

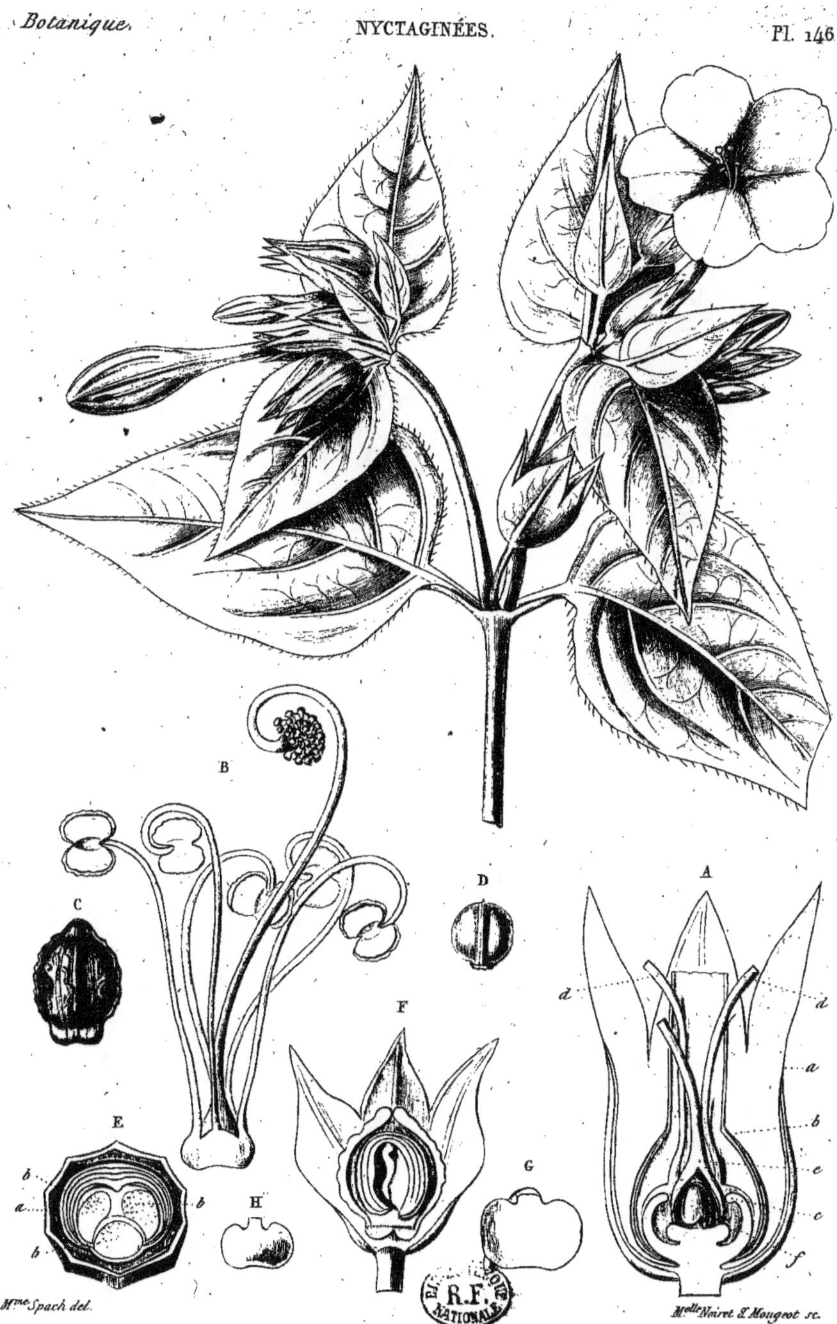

Nyctage Belle de nuit.

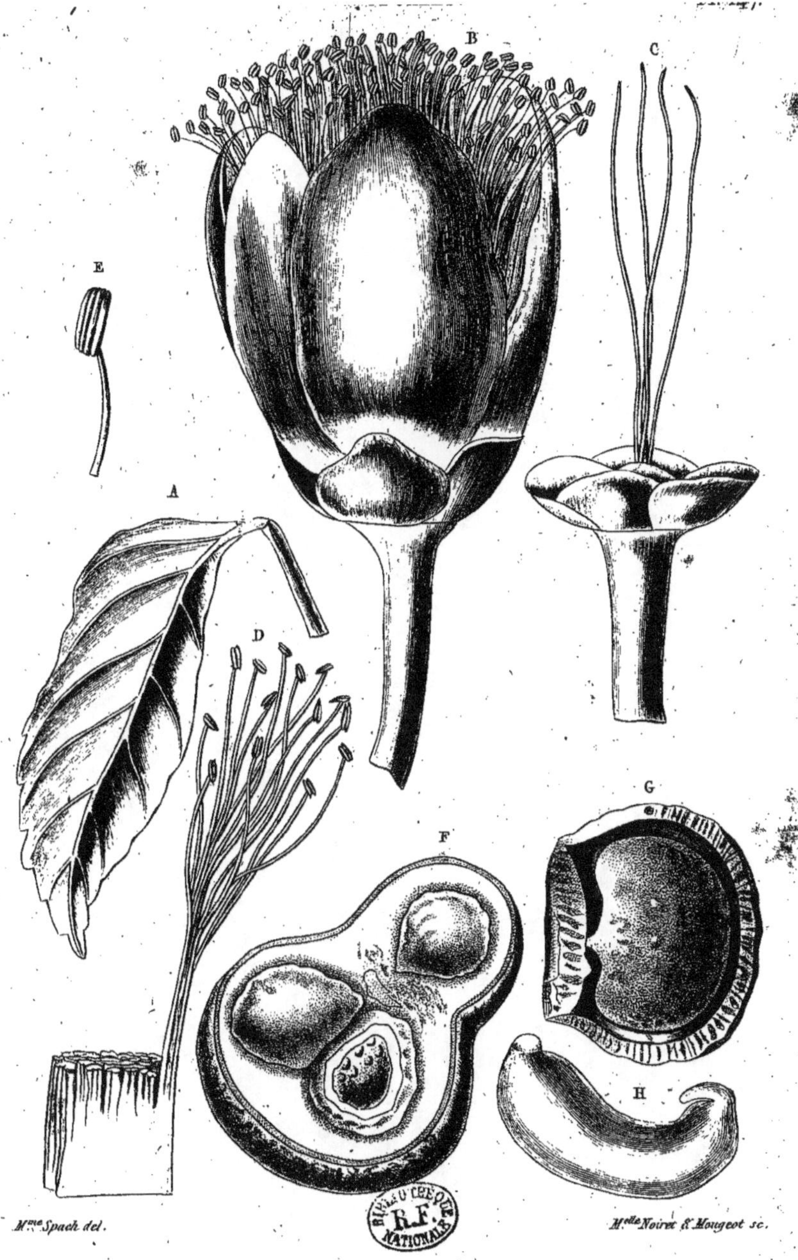

Mme Spach del.

BIBLIOTHÈQUE
R.F.
NATIONALE

Mlle Noiret & Mougeot sc.

Caryocar nucifère.

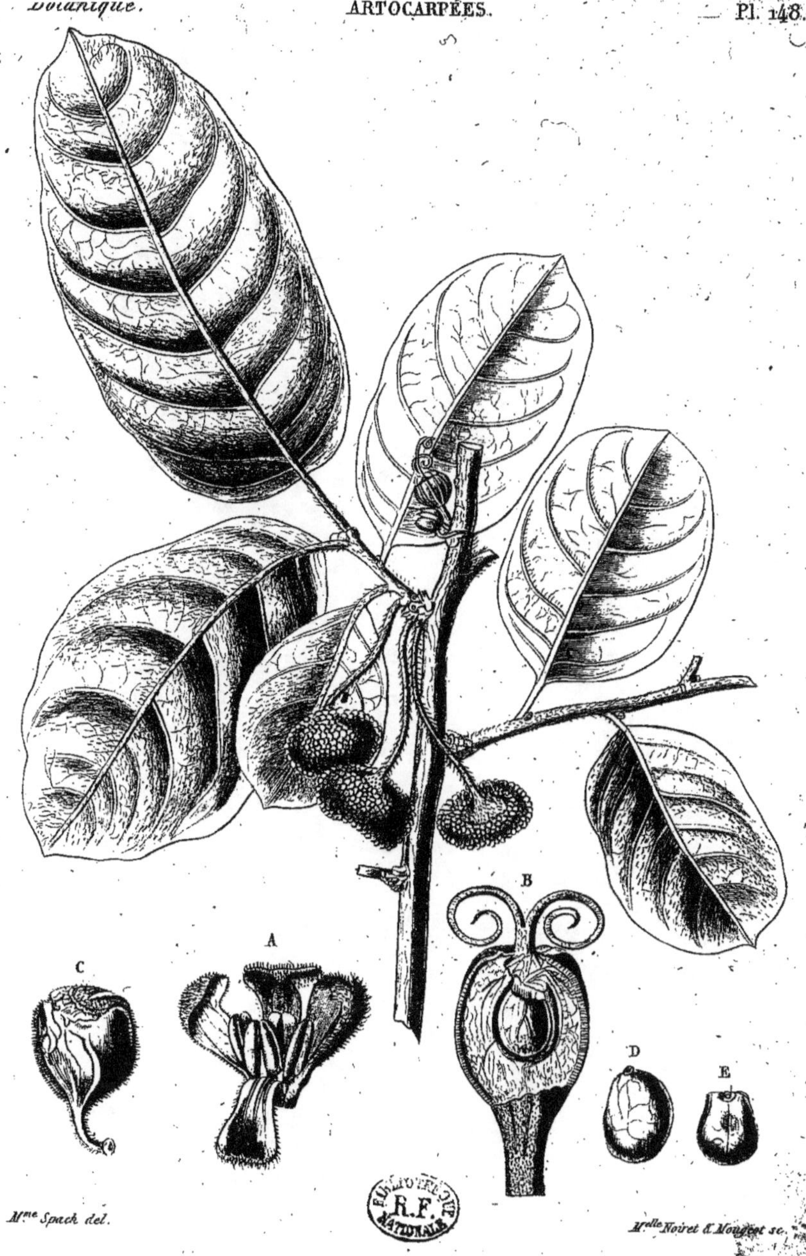

Mme Spach del.

Melle Noiret & Mougeot sc.

Antiar vénéneux.

Plombagide auriculée.

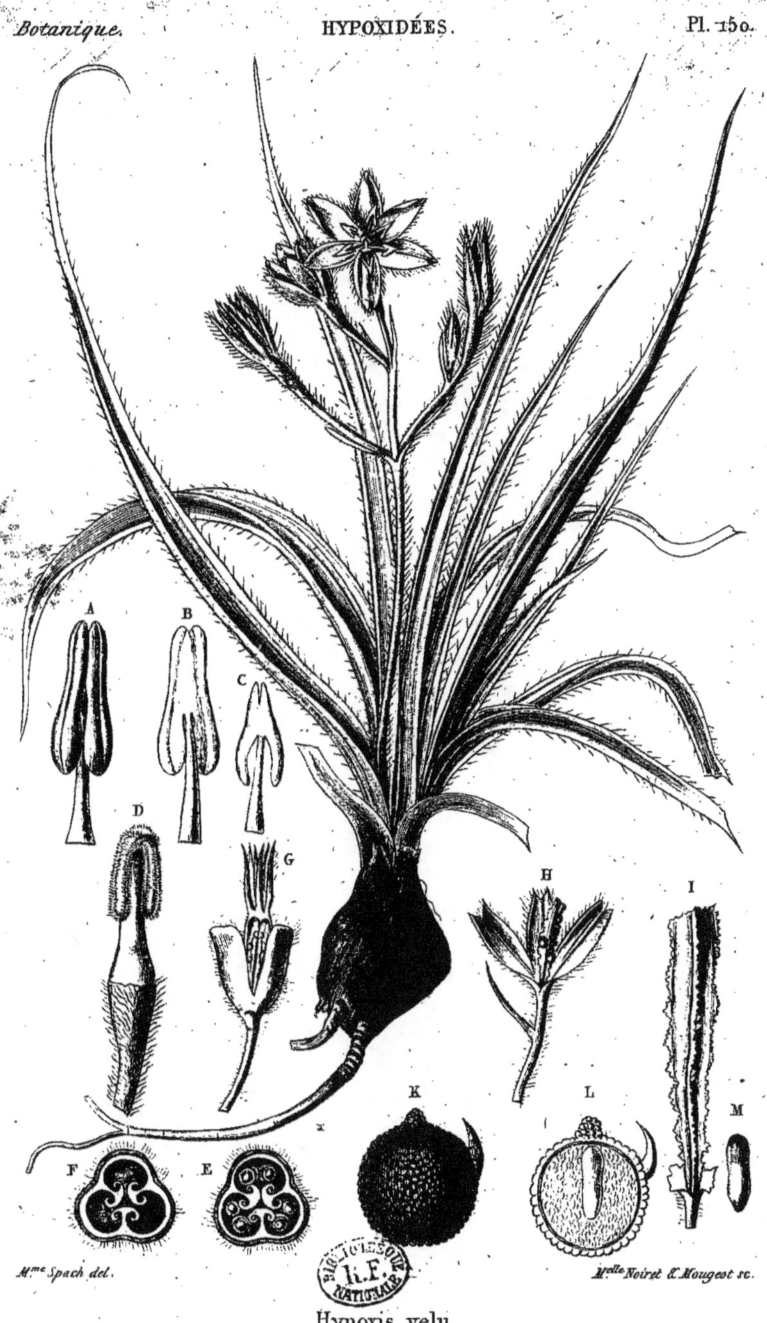

Hypoxis velu.

M.me Spach del.

M.elle Noiret & Mougeot sc.

Agérate à fleurs bleues.

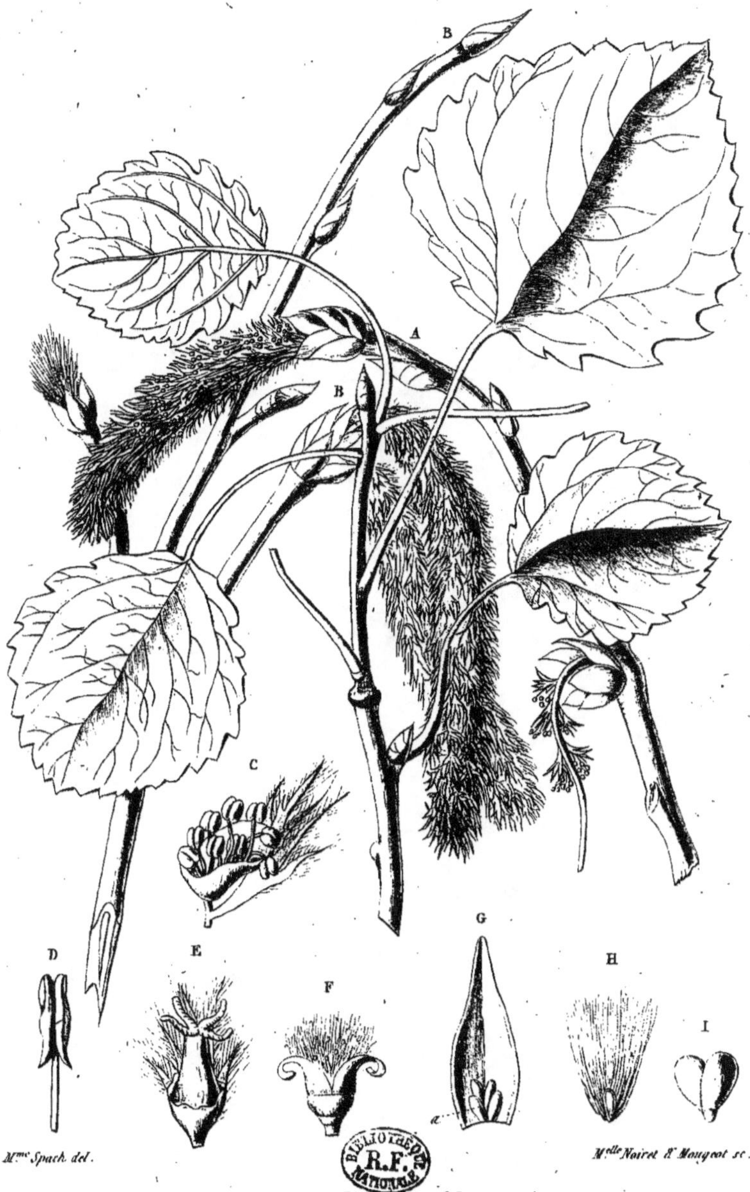

Mme Spach del.

Melle Noiret & Mougeot sc.

Peuplier Tremble.